JN409850

미세먼지
미분방정식

미세먼지 미분방정식

1판1쇄 찍은날 2021년 10월 25일
펴낸날 2021년 10월 30일

지은이 이병욱
펴낸이 전영재
기획총괄 유상우
편집 임경희

펴낸곳 **쿠북**(건국대학교출판부의 패밀리 브랜드입니다.)
등록 / 제4-3 호(1971. 6. 21)
주소 / 05029, 서울특별시 광진구 능동로 120
전화 / 편집팀_(02) 450-3891~2 영업팀_(02) 450-3893
팩스 / (02)457-7202
홈페이지 / http://press.konkuk.ac.kr
e-mail / press@konkuk.ac.kr

찍은곳 (주)동화인쇄공사

정가 12,000원

ISBN 978-89-7107-764-1 93410

미세먼지
미분방정식

이병욱 지음

쿠북

태초에 우주에는 먼지가 있었다.

At the beginning, there were particles in the universe.

시작하며

1995년, 미세먼지 연구를 시작하게 되었습니다. 그 당시에는 미세먼지라는 단어조차 제대로 성립되지 않았을 정도로 미세먼지에 대한 인식이 적었고, 그 용어도 미세먼지가 아니라 과학적 용어인 에어로졸(aerosol)이라는 단어를 사용했었습니다.

그러나, 세상이 바뀌어 오늘날 대한민국에서는 미세먼지를 모르는 사람이 없으며, 방송과 언론에서 대대적으로 미세먼지에 대한 뉴스가 나날이 쏟아지고 있습니다.

이 시점에 과학기술자이자 에어로졸 연구자로서 미세먼지, 즉 에어로졸에 대한 한 권의 책을 남기는 것이 의미 있겠다는 생각이 들었습니다. 에어로졸에 대한 사회적 관심이 높으므로 이에 응답하는 것이 해당 분야에 수십 년 몸담은 사람이 해야 할 일 중의 하나라는 생각이 들었고, 또한 이 책을 통해 필자가 그간 쌓은 지식들을 약간이나마 알릴 수 있는 기회가 되겠다는 생각도 들었습니다.

이 책이 과연 어느 정도의 완성도를 가진 책으로 평가될지는 모르겠지만, 미세먼지에 관심 있는 과학기술 분야 전문가들에게 도움이 될 수 있고, 사회적 관심에도 응답할 수 있었으면 하는 바람입니다.

이 책은 미세먼지 분야 및 에어로졸 전파에 관심이 있는 이공계 학과 3, 4학년 대학생과 대학원생, 그리고 이공계 분야의 전문 프로플 레이어(professional player)를 대상으로 집필하였습니다. 미세먼지에 대한 지식 중에서도, 미세먼지에 대한 과학기술을 이해하기 위해서 필수적으로 알아야 할 미세먼지 미분방정식 풀이에 대하여 집중하여 상세히 설명하였습니다.

미분방정식을 매일같이 접하는 분들은 미세먼지 미분방정식을 쉽게 이해하시겠지만, 그렇지 않은 분들은 이해에 어려움을 겪으실 수 있습니다. 그래서, 미세먼지 미분방정식 풀이에 필요한 미분방정식을 아예 기초부터 설명하였습니다. 따라서, 이 책은 이공계 분야를 깊이 있게 제대로 거쳐 가신 적이 있다면, 노력은 필요하겠지만 충분히 함께 공감하고 이해할 수 있는 수준의 내용이라고 생각합니다.

다만 미세먼지 분야가 이슈화되다 보니, 수학적 지식이 다소 부족한 분들도 이 책에 관심을 가지실 수 있다는 생각이 듭니다. 그런 분들은 미분방정식을 제외한 나머지 미세먼지에 대한 기본 지식 부분을 활용하면, 미세먼지에 대한 이해를 넓힐 수 있으실 것으로 생각합니다.

이 책에는 수학적 내용에 대한 부분이 있고, 개념적 설명에 대한 부분이 있습니다. 반복해서 말씀드리지만 수학적 부분의 이해가 어렵다면, 개념적 설명 부분만 이해하셔도 미세먼지와 에어로졸을 이해하는 데 도움이 되실 것으로 생각됩니다.

이 책의 구성은 다음과 같습니다. 우선 미세먼지에 대한 기초 지식 내용을 기술합니다. 즉, 용어 정의, 관련 기초 상식 등을 소개합니다. 그리고, 미세먼지에 대한 일부 기초 실험방법론을 기술합니다. 그 다음에 미세먼지를 지배하는 미분방정식을 기술합니다.

책의 후반부에서는 미세먼지에 대한 추가적인 이론들을 기술합니다. 필자가 실험을 수행하면서 경험한 실험방법론들도 가급적 간결하게 기술합니다. 그 외에 이 책에서는 필자가 생각하는 미세먼지 연구의 방향과 미세먼지 관련 사회적 이슈에 대한 의견도 제시합니다.

특별히 이 책에서는 바이오 에어로졸 부분과 바이러스 에어로졸 전파이론(Lee's theory) 부분을 상세히 설명합니다.

이 책의 후반부 내용 중에는 이공계 대학원생이라도 고학년이 되어서야 이해할 수 있는 부분도 있습니다. 고급 부분이라고 이름 붙인 부분이 그렇습니다. 과학기술은 전문 분야에 들어가면 그 이해난이도의 단계가 확실히 존재하는데, 다소 단계가 높은, 즉 난도가 높은 부분이 이 책에 포함되어 있습니다. 이 고급 부분을 이해하기 위해서는 물리학과 유체역학 분야에서 약간의 전문성이 필요합니다. 이러한 고급 부분도 용기 내어 도전해 보시면, 분명 성취가 있으실 것으로 생각합니다. 이 책에는 응용수학의 개념들을 설명해서 미세먼지 미분방정식을 이해하는 데 도움이 될 수 있도록 한 부분도 있습니다.

이 책에서 다루는 미세먼지와 에어로졸 분야는 학술적으로 계속 발전하고 있는 분야입니다. 다른 말로 하면, 아직 완벽하지 않은 분야입니다. 특히 이론 부분들은 재검토해야 할 것들이 많으며, 이론에 기반을 둔 실험 분야도 많은 발전이 필요합니다. 많은 분이 관심을 가지고 이 분야의 이론과 실험 정립에 이바지해주시면 좋겠습니다.

한 번 더 강조해 드리지만, 이 책의 기본은 '수학'입니다. 물론 과학기술 지식을 소개하지만, 그 근본은 '수학 이론'이며, 그 수학적 이론을 바탕으로 여러 현상을 설명한다는 점을 말씀드립니다.

와우도를 바라보며

이병욱

차 례

3. 미세먼지 미분방정식 2 풀이

4. 미세먼지 미분방정식 3 응용

5. 미세먼지와 전염병

1

미세먼지에 대한 기초 상식

에어로졸 검색어 나열

요즘은 검색의 시대입니다. 누구나 스마트폰이나 컴퓨터로 검색을 해보고 정보를 찾습니다.

그런데, 과학기술정보 중에서 검색에 나오는 대부분 정보는 정확하지 않습니다. 정확하지 않은 정보를 일부러 올리는 사람도 많고, 그것을 수정하기도 대단히 어렵습니다.

인터넷 검색 자료들에서 의존하고 있는 '집단지성이 옳다'는 전제에 대하여 필자는 동의하지 않습니다. 아인슈타인의 상대성이론이나 왓슨과 크릭의 디엔에이(DNA) 이중나선 구조이론은 극소수의 과학기술자의 참된 발견으로 만든 것입니다. 결코 집단 지성이 발견해 낸 것이 아닙니다. 특히 검색 정보들은 익명(anonymous)으로 작성된 경우가 대부분이기 때문에 신뢰하기 어렵습니다.

따라서, 오늘날 과학기술자들은 인터넷상에 떠돌아다니는 잘못된 정보들을 걸러내는 능력도 동시에 길러야 합니다.

그럼에도 불구하고 사람들은 검색을 하게 되므로, 지금부터 이 책에서 다룰 분야의 검색어들을 나열해 보겠습니다.

검색어로서 '에어로졸(aerosol)'은 이 분야에서 가장 바람직한 단어입니다. 학술적으로 에어로졸은 공기 중에 떠 있는 입자들을 말합니다.

미세먼지라는 단어도 있습니다. 이것은 한국의 과학기술자들이 만들어낸 단어입니다. 초미세먼지도 마찬가지입니다. 소통을 위해 편의상 만들어낸 단어입니다.

피엠텐(PM10)이라는 단어도 있습니다. 이는 10마이크로미터(μm)보다 크기가 작은 에어로졸을 지칭합니다. 입자의 크기에 대해서는 잠시 후에 보다 상세히 설명하도록 하겠습니다. 그런데 한국에서는 이 피엠텐을 미세먼지라고 부르기로 했습니다. 과학기술자들이 그렇게 어느 정도 약속을 했습니다. 따라서, 피엠텐이 한국에서는 미세먼지와 동의어라고 볼 수 있습니다. 하지만, 국제적으로 다른 나라에서도 꼭 그렇다고 보기는 어렵습니다.

피엠이점오(PM2.5)라는 단어도 있습니다. 이는 2.5마이크로미터보다 크기가 작은 에어로졸을 지칭하는 단어입니다. 한국에서는 피엠이점오를 초미세먼지라고 부르기로 과학기술자들이 어느 정도 약속을 했습니다.

연무라는 단어도 있습니다. 이는 대단히 애매한 말입니다. 필자는 연무를 에어로졸이라고 주장하는 것은 바람직하지 않다고 생각합니다.

안개(fog)라는 단어도 있습니다. 에어로졸은 공기 중에 부유되어 있는 고체(solid), 액체(liquid) 입자를 말합니다. 안개는 공기 중에 수분(moisture) 액체 입자가 많을 때 지칭하는 단어입니다.

피엠일(PM1)이라는 단어를 쓰는 사람도 있습니다. 1마이크로미터보다 크기가 작은 에어로졸을 지칭하는 단어입니다. 한국에서는 이를 극미세먼지라고 부르는 사람도 있습니다. 최소한 필자는 그 의견에 동조하지 않습니다. 물론 그렇게 부르는 것을 찬성하는 사람도 있습니다.

에어로졸을 연구하는 학문을 입자과학(aerosol science) 또는 입자공학(aerosol technology and engineering)이라고 부릅니다. 양성자(proton), 중성자(neutron), 쿼크(quark), 중성미자(nutrino) 등을 연구하는 입자물리학(particle physics)과는 다릅니다.

사실 미세먼지라는 단어는 일반인들을 위해서 특히 언론용으로 한국의 과학기술자들이 만든 용어라고 생각합니다.

세계적으로는 에어로졸(aerosol)이 과학기술자들에게 더 친숙하고 통용되는 단어입니다.

따라서, 지금부터 필자는 에어로졸이라는 단어를 주로 사용하고, 때때로 미세먼지라는 용어도 사용하겠습니다. 또한 입자에어로졸(aerosol particle)이라는 용어도 사용하겠습니다.

에어로졸, 피엠텐, 미세먼지 용어

에어로졸 과학에서 가장 중요한 파라미터: 입자의 크기

에어로졸은 공기 중에 부유되어야(airborne) 에어로졸입니다. 바닥에 떨어지면 더이상 에어로졸이 아닙니다. 흙바닥에 떨어지면 흙의 일부분이고, 바닷가 모래사장에 떨어지면 모래의 일부분입니다. 공기 중에 부유되어 있는 에어본(airborne) 상태가 되어야 에어로졸이자 미세먼지입니다.

지구상에는 중력이 작용합니다. 그래서 보통 물체가 공기 중에 뜨면 바로 땅으로 떨어집니다. 에어로졸도 마찬가지입니다. 시간이 지나면 땅으로 떨어지고 더이상 에어로졸로서의 특성을 잃어버립니다.

문제는 얼마나 오랫동안 공기 중에 떠 있느냐입니다. 우리가 통상 에어로졸이라고 부르는 물체는 최소한 수 초 이상, 어떠한 경우에는 며칠 동안, 공기 중에 떠 있습니다. 공기 중에 상당한 시간 동안 떠 있는 물체, 떠 있는 입자(particle)를 우리는 에어로졸이라고 부릅니다.

물체의 크기가 크면, 즉 지우개나 연필 같은 것은 공기 중에 부유되면 곧바로 땅바닥으로 떨어집니다. 이러한 것은 에어로졸이라고 부르지 않습니다. 물체의 크기가 작아서 공기 중에 상당 시간 떠 있을 수 있는 입자를 에어로졸이라고 부릅니다.

공기 중에 떠 있을 수 있는 시간, 그것이 에어로졸에 있어서 가장 중요한 요인입니다. 이를 결정하는 가장 강력한 요인이 바로 입자의 크기입니다.

입자의 크기를 생각하려면, 먼저 입자의 형태에 대해서 일단 생각해 볼 필요가 있습니다. 왜냐하면 형태에 따라서 크기를 정의(definition)하는 방식이 달라지기 때문입니다.

우리는 흔히 에어로졸이라고 하면 구형(sphere), 즉 공(ball) 모형의 입자를 상상하는데, 이것은 항상 맞는 말은 아닙니다.

에어로졸은 다양한 형태를 가집니다. 고체 에어로졸들은 그 형태가 제각각이고 불규칙한 경우가 많습니다. 일반 환경 중에서 에어로졸을 포집하여(sampling) 현미경으로 관찰해보면, 다양한 형태의 고체 에어로졸들이 존재한다는 것을 직접 확인할 수 있습니다.

액체 에어로졸의 경우는 구형의 형태를 갖는 경우가 많습니다. 그 이유는 수분, 즉 물의 표면장력 때문입니다.
표면장력이란 물분자(H_2O)가 가지는 극성(polarity)에서 유래된 것으로 그 본질은 전자기력입니다. 좀 더 상세히 설명하자면, 표면장력은 수소결합의 산물입니다. 물분자의 분자적 구조로 인해 물분자는 극성을 띠기 때문에 물분자끼리 서로 당기는 특성을 가지는데, 이것을 수소결합(hydrogen bond)이라고 합니다.

수소결합이라고 부르는 이유는 물분자를 이루는 것이 산소(oxygen)

와 수소(hydrogen)인데, 수소는 양극(positive) 성질을 주로 가지고 산소는 음극(negative) 성질을 가지는 여건에서, 물분자의 한 개의 수소가 다른 물분자의 산소원자 부분을 당겨서, 이것들을 종합해서 결합이 생기기 때문에, 이를 수소결합이라고 부르는 것입니다.

다시 입자의 형태 논의로 돌아가면, 대체로 고체 에어로졸은 불규칙한 형태를 가지며, 액체 에어로졸은 구(sphere) 형태를 일반적으로 가진다고 볼 수 있습니다.

에어로졸의 형태가 정해졌다면, 이제 입자의 크기를 생각해 볼 수 있습니다. 구 형태에서는 구의 직경(diameter)이 입자의 크기가 됩니다. 그러나 불규칙한 형태에서는 여러 가지 방식으로 입자의 크기를 정할 수 있어서 한 가지로 단정짓기는 어렵습니다. 불규칙한 입자의 가장 긴 거리와 가장 짧은 거리를 고려할 때도 있고, 불규칙한 형태의 입자와 같은 부피를 갖는 구 형태 입자를 가정(assumption)해서 상상한 구의 직경을 입자의 크기로 사용하기도 합니다. 때로는 불규칙한 형태의 입자와 똑같은 특별한 동역학적 특성을 가지는 구 형태 입자를 가정해서 상상한 구의 직경을 입자의 크기로 사용하기도 합니다.

분석의 편의상 특별한 언급이 없는 한, 앞으로 입자는 모두 구형태라고 가정하고 설명을 계속해 나가겠습니다.

물론 입자 형태의 변화에 따라서, 공기 중에서 겪는 공기 분자와의 충돌 등에 의하여 발생하는 운동저항력이 달라집니다. 그러나, 이 논의에서는 일단 구 형태 입자를 상상하면서 계속 설명해 나가겠습니다.

에어로졸이 공기 중에 오래 떠 있을 수 있는 이유는 그 질량에 미치는 중력에 비하여, 그 표면에서 공기 분자의 충돌에 의한 운동 저항력이 상당히 크기 때문입니다.

결국 땅으로 떨어지긴 하지만, 그 떨어지는 속도가 공기 분자와의 충돌로 인해 아주 작아져서, 그로 인해 매우 천천히 떨어지기 때문에 오랫동안 공기 중에 떠 있게 되는 것입니다.

통상 100마이크로미터(μm) 크기의 입자(100마이크로미터 직경의 구(sphere), 밀도(density)는 물(water)의 밀도)가 되면, 1미터를 수 초 정도에 지나가는 빠른 속도로 중력 침강(땅으로 떨어지기)하기 때문에, 에어로졸 취급을 잘 받지 못합니다.

그러나, 1마이크로미터 정도 크기의 입자가 되면 1미터를 중력 하강하는 데, 시간(hours) 단위의 시간(time)이 필요하기 때문에, 에어로졸이라고 생각하는 것입니다.

원자(atom) 약 0.1nm

바이러스(virus) 약 100nm

세균(bacteria) 약 1μm

피엠텐(PM10) (미세먼지 기준) 〈 10μm

30cm자의 가장 작은 눈금 1mm = 1,000μm

에어로졸의 크기 비교

여기서 단위를 먼저 점검한 후에 계속 설명해 나가겠습니다.

1마이크로미터(μm)는 백만분의 1미터 즉, 10^{-6}미터라는 뜻입니다. 흔히 사용하는 30cm 자의 가장 작은 눈금이 1mm입니다. 그 1mm의 천분의 1이 바로 1마이크로미터입니다.

1나노미터(nm)라는 것도 있습니다. 이것은 십억분의 1m, 즉 10^{-9}미터라는 뜻입니다. 1마이크로미터의 천분의 1이 바로 1나노미터입니다.

미세먼지 농도 및 물리량들

에어로졸을 연구하는 데에는 여러 가지 목적이 있을 수 있습니다. 에어로졸 기술을 어디에 사용하느냐에 따라서 연구의 목적이 정해지고, 연구의 목적이 정해지면 그에 따라서 측정되는 물리량이 정해지게 됩니다. 물리량에 대해서 알아보겠습니다.

예를 들면 인간의 건강에 영향을 미치는, 즉 보건학적인 측면에서 에어로졸을 연구한다면, 에어로졸의 표면적(surface area)이 중요합니다. 에어로졸이 인체에 달라붙어서 영향을 주는 경우, 접촉되는 표면을 통해 에어로졸의 화학물질이 인체로 침투하게 되는데, 이 때문에, 에어로졸의 표면의 특성, 대표적으로 에어로졸의 표면적이 건강 영향 측면에서 중요하게 됩니다. 이런 경우 에어로졸들의 표면적, 경우에 따라서는 에어로졸의 총표면적(total surface area)이라는 물리량을 측정하게 됩니다.

에어로졸이 교통산업(주로 항공이나 도로교통)에 미치는 영향을 연구할 때는 에어로졸의 개수농도(number concentration)가 중요합니다. 공기 중에 에어로졸의 개수가 많으면, 빛이 공기를 제대로 통과하지 못하여,

결국 시정계수(visibility)가 나쁘게 되는데, 이는 교통산업에 영향을 주게 되기 때문입니다. 좀 더 상세히 설명하면, 에어로졸이 너무 많아서 공기가 희뿌옇게 보일 정도로 빛이 투과되지 못하면, 전방이 제대로 인식되지 않아서 항공기가 이륙하지 못하거나, 차들이 제대로 이동할 수 없게 된다는 뜻입니다.

예를 들면, 시정계수가 20m 정도일 때, 사실상 차들은 고속주행이 불가능하고, 교통은 마비될 가능성이 커집니다. 반면에 시정계수가 10km일 때는 멀리 있는 물체도 쉽게 구분(resolution)할 수 있게 되어, 교통상황이 좋아집니다. 이렇게 교통과 관련한 문제에서는 에어로졸의 개수농도가 중요한 파라미터가 됩니다.

다시 말하면, 에어로졸과 빛의 상관관계에서는 에어로졸의 직경과 함께 에어로졸의 개수농도(number concentration)가 중요하므로, 이를 연구하게 된다는 말입니다.

그런데 우리가 에어로졸의 측정원리를 잠시 상상해 보면 알 수 있듯이, 에어로졸의 표면적과 개수농도를 측정하는 것은 결코 쉬운 일이 아닙니다.

원칙적으로 말하자면, 표면적을 측정하려면 에어로졸을 일일이 샘플링(sampling)해서 현미경으로 형상을 보면서 표면적을 계산해야 합니다.

개수농도를 측정하려면, 샘플링한 후 현미경을 이용하여 에어로졸의 개수를 일일이 세든지, 아니면 광학입자측정기 등의 전문장비를 활용해야 합니다. 그런데, 현미경으로 관측하는 일은 많은 노동력이 필요하고, 광학입자측정기를 활용하는 것은 전문장비의 특성상 전문교육이 필요하기 때문에 용이하지 않습니다.

따라서, 다양한 용도에 활용할 수 있으면서도, 에어로졸을 비교적 쉽게 측정하는 파라미터(parameter)가 필요한데, 이를 위해서 생각해 낸 것이 바로 에어로졸의 질량(mass)입니다.

질량 측정 방법은 다음과 같습니다.

노즐을 이용해 공기를 가속화한 후, 판(plate)에 공기유동을 부딪힙니다. 그러면, 공기 분자는 판을 피해서 흘러가지만, 공기유동 중의 에어로졸 입자는 판에 부딪혀서 부착됩니다. 이런 식으로 해서, 공기유동 중의 에어로졸을 잡아냅니다. 이른바 임팩션(impaction)이라는 원리입니다. 이 기술을 이용하여 에어로졸을 잡은 후, 그렇게 잡은 에어로졸들의 총질량을 저울(balance)로 잽니다. 이런 방식으로 질량을 측정합니다. 여기서 임팩션 원리 대신에 필터(filter)를 사용하기도 합니다. 어떤 방식으로 포집하든, 포집된 에어로졸의 질량을 측정할 때에는 저울을 사용하기 때문에 비교적 쉽게 측정이 가능합니다.

임팩션 원리나 그를 활용한 임팩터, 그리고 필터에 대해서는 미세먼지 미분방정식 이론 중에서 정지거리(stopping distance)의 개념을 설명한 후에, 보다 상세히 설명하도록 하겠습니다.

정리하면, 에어로졸의 깊이 있는 연구를 위해서는 개수 농도나 표면적이 중요하지만, 현실적인 측정의 편의성을 위해서 임팩터 등을 이용해 에어로졸을 샘플링한 후 질량을 재는 방식의 질량농도를 활용하게 되었습니다. 추가적으로, 질량(mass)은 과학기술을 잘 모르는 비과학기술자들도 이해하기 쉽다는 장점이 있습니다.

그래서 나온 에어로졸 농도가 질량농도이고, 구체적 단위로서는 바로 마이크로그램퍼큐빅미터(microgram/㎥)가 있습니다.

또 다른 측면으로는 이러한 것도 생각해 볼 수 있습니다. 에어로졸의 법적 규제(legal regulation)를 한다면, 이를 위해서는 공무원이나 법조인이 이해할 수 있는 쉬운 단위가 필요합니다. 이를 위해서 질량농도가 편리하기 때문에, 에어로졸의 법적인 기준치를 위한 물리량 단위(unit)로서 마이크로그램퍼큐빅미터를 사용하게 된 것입니다.

예를 들면, 피엠텐(PM10)이 50마이크로그램퍼큐빅미터만큼 있고, 피엠이점오(PM2.5)가 25마이크로그램퍼큐빅미터만큼 있다는 식의 언론보도를 한국은 물론 여러 나라에서 하고 있는데, 이는 모두 미세먼지의 질량농도를 활용한 것입니다. 또한 현재는 각국의 환경 기준치도 질량농도를 기준으로 해서 만들어 사용하고 있습니다.

그렇다면, 개수농도(number concentration)를 질량농도(mass concentration)로 바꿀 수 있습니까? 당연히 할 수 있습니다. 직경(diameter)정보와 개수(number)정보를 알게 되면, 그 부피(volume)를 알 수 있고, 거기에 밀도값(density value)을 곱해주면, 질량농도를 구할 수 있습니다.

반대로, 질량농도를 개수농도로 바꿀 수 있습니까? 이것은 불가능합니다. 왜냐하면, 개수, 밀도, 크기별 개수농도 정보를 알 수 없기 때문입니다.

따라서, 개수농도가 질량농도보다 상위개념의 물리량임을 알 수 있습니다.

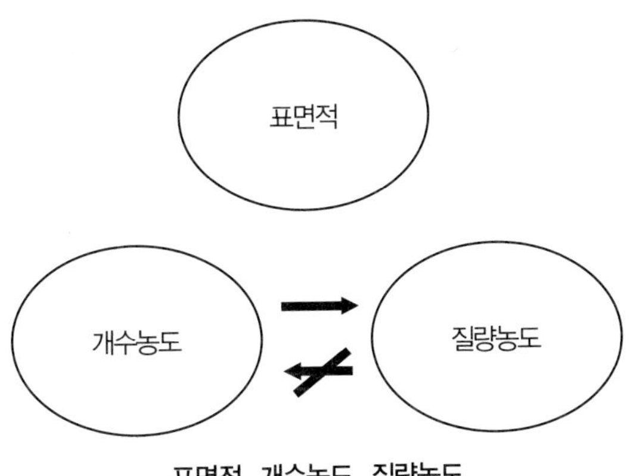

표면적, 개수농도, 질량농도

에어로졸 과학자들은 연구할 때 통상 개수농도를 가지고 연구를 합니다. 질량농도를 활용하여 연구하는 학자는 많지 않습니다. 질량농도는 주로 일반인에게 소개하기 위한 물리량이라는 측면이 강합니다.

미세먼지 측정의 기초

미세먼지는 크기가 작습니다. 그래서, 특별한 방법으로 측정해야 한다고 믿는 사람이 많습니다. 크기가 매우 작으면 정말 그러한 특별한 방법이 필요합니다. 그러나, 미세먼지 중에는 상당한 크기의 것들도 있으며, 이것들은 그냥 맨눈으로도 잘 보입니다.

일단 100㎛ 크기의 입자는 공기 중 체류시간이 수 초 수준이라서 미세먼지라고 칭하기 어렵지만, 때때로 공기유동에 따라서는 입자의 체류시간이 다소 길 때도 있으므로, 100㎛ 크기의 입자도 부유먼지라고 말할 때가 있습니다. 이것이 바닥에 떨어졌을 때는 바로 눈으로 쉽게 관찰할 수 있습니다. 100㎛는 흔히 쓰는 30cm 자의 가장 작은 눈금, 즉 1mm의 1/10 크기입니다.

입자의 크기가 10㎛ 수준이 되면, 눈으로 바로 관찰하기는 쉽지 않습니다. 그러나 LED 등의 집중조명과 실험 훈련을 거치면, 눈으로도 관찰할 수 있습니다. 돋보기를 사용한다면 더 잘 관찰할 수 있습니다. 1㎛ 수준이 되면, 더이상 맨눈으로 관찰하기는 어렵습니다. 현미경을 사용하거나, 미세먼지의 특성을 활용하여 개발된 특별한 측정기기를 활용해야 합니다. 100nm 이하가 되면, 전자현미경(SEM)을 많이 사용하고, 역시 미세먼지의 특성을 활용한 측정기기를 활용합니다. 통상 입자의 크기가 10nm 수준이 되면, 전자현미경(TEM)에 많이 의존하게 됩니다.

광학입자계수기

미세먼지의 크기와 농도를 측정하는 장비로 광학입자계수기(optical particle counter), 흔히 하는 말로 오피씨(OPC)가 있습니다.

광학입자계수기는 수십 년 전에는 거대한 장비였습니다. 레이저와 반사판, 광학센서, 펌프, 필터 등으로 이루어져서 규모가 컸습니다. 하지만, 지금은 심지어 휴대용 작동이 가능할 정도로 소형화되었고 성능도 향상되었습니다.

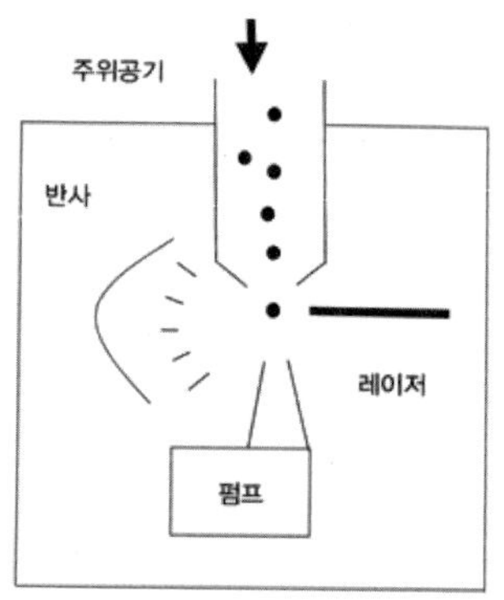

광학입자계수기 구조

그 원리를 하나하나 살펴보도록 하겠습니다. 위의 그림을 참조해 주시기 바랍니다.

먼저 펌프에서 공기를 흡입(suction)합니다. 그러면, 주위 공기는 미세먼지(에어로졸, 입자)와 함께 펌프 쪽을 향해 움직이게 됩니다. 펌프 앞에는 노즐 결합체와 레이저 반사 공간이 있습니다. 공기와 함께 광학입자계수기에 들어온 에어로졸은 노즐 결합체에서 공기와 함께 가속이 되면서, 레이저(laser) 반사공간을 지나게 됩니다. 레이저 반사공간은 레이저빔이 비추고 있고, 동시에 반사판 센서들이 있습니다. 에어로졸이 이 공간을 지날 때, 공기와 함께 지나가고 있는 에어로졸이 레이저빔과 만나게 됩니다. 에어로졸은 레이저를 받으면, 받을 때마다 이 레이저 빛을 반사(산란, scattering)하게 되는데, 에어로졸이 레이저빔을 만날 때마다 반사하게 되는 이 현상은 매번 주위로 산란신호를 보내게 됩니다. 이 반사하는 레이저 빛의 신호를 반사판 센서들이 일일이 감지(detection)하게 되며, 이 신호들을 모아서 에어로졸의 농도(concentration)를 측정하게 됩니다.

조금 더 상세히 설명하면, 레이저 반사신호는 레이저에 에어로졸이 부딪칠 때마다 나오므로, 레이지 반사신호의 개수(number)는 감지된 에어로졸의 개수가 됩니다. 펌프가 공기를 흡입하는 유량은 이미 알고 있으므로(펌프의 유량는 보통 고정(fixcd)되어 제작됩니다.), 결국 일정량의 공기당 에어로졸의 개수(aerosol number/air volume), 즉 에어로졸의 개수농도(number concentration)를 알 수 있게 되는 것입니다.

예전에는 각각의 신호들을 분석해서 사람이 다 일일이 계산했지만, 지금은 센서신호와 펌프 유량 정보를 이용해, 광학입자계수기에서 자동으로 개수농도를 계산해서(소형 계산기가 탑재되어 있습니다.) 광학입자계수기 자체에서 농도값을 보여주기도 합니다.

위에서 활용한 레이저의 반사(산란, scattering)정보를 이용해 또 다른 물리량을 계산할 수 있습니다. 바로, 입자의 크기입니다. 에어로졸 입자는 입자의 직경이 클수록, 즉 표면적이 넓을수록, 입자가 반사하는 레이저 빛의 양이 많아집니다. 반면에, 입자가 작고 표면적이 작아질수록, 반사하는 레이저 빛의 양이 적어집니다. 이 성질을 활용해 입자의 크기를 측정합니다.

레이저 반사를 인식하는 광학센서, 흔히 피엠티(PMT)라고 하는 센서는 그 반사하는 레이저 빛의 변화량을 인식할 수 있습니다. 바로 그 빛의 양의 정보를 입자의 크기로 변환하면, 그것이 입자 크기 정보가 되는 것입니다.

이를 종합한 구체적인 방법은 다음과 같습니다.

이미 크기를 알고 있는 입자를 이용해 미리 산란되는 빛의 양을 측정해 놓습니다. 그리고, 이것을 기준 데이터로 만들어 놓습니다. 그다음에, 크기를 모르는 입자들의 산란되는 빛의 양을 측정합니다. 그다음에 두 가지 값의 비교, 즉 크기를 모르는 입자의 산란되는 빛의 양과 기준 데이터값을 비교합니다. 이를 통해서, 크기를 몰랐던 입자의 크기를 추정하게 되는 것입니다.

추가적으로 더 설명하면, 이미 크기를 알고 있는 다양한 입자를 이용해서 기준 데이터로 사용할 실험 데이터들을 모으게 됩니다. 모아진 데이터를 활용하여, 측정장비의 신호값의 해석 기준을 정합니다. 이 과정을 다른 말로는 측정장비의 보정(calibration)이라고도 합니다. 즉, 입자가 어떤 크기일 때 어느 정도 크기의 레이저 반사 신호가 나오는지를 일일이 측정하여 입력한 후(보정 작업한 후), 추후 그 정보가 실험에서 인식되면 어떤 크기의 입자인지 대칭시켜서 알아내는 방식이라는 뜻입니다. 이런 방식으로 입자 크기의 정보를 알아내는 것입니다.

결국, 펌프로 인해 광학입자계수기로 끌려온 입자 한 개는 레이저 반사공간을 지나면서, 입자크기 정보와 입자농도 정보를 광학입자계수기 센서와 이에 연결된 프로그램에 주게 되며, 이 정보를 활용하여 에어로졸의 크기와 개수농도를 측정하게 되는 것입니다.

레이저 반사공간을 지나면서 정보를 준 다음에, 이 에어로졸 입자들은 펌프를 통과하고 외부로 배출됩니다. 경우에 따라서는 배출 직전에 배출 부위에 필터를 달아서 측정한 입자가 주위로 배출되지 않도록 하기도 합니다. 이런 식으로 광학입자계수기가 작동됩니다. 이것이 광학입자계수기의 원리입니다.

요즘 개발되는 광학입자계수기는 입자의 크기와 농도 신호를 즉각 수치로 바꾼 후, 광학입자계수기에 붙어 있는 전자스크린에 바로 보여주는 방식을 많이 취합니다. 이른바 실시간(real time), 다른 말로는 생방송 방식의 측정입니다. 여기에다가 펌프와 레이저, 광학센서, 계산프로그램에 사용하는, 모든 전력(power)을 모두 배터리에서 공급받는 방식인 모바일 타입의 광학입자계수기까지도 개발되어 마켓에 나와 있는 상황입니다.

광학입자계수기로 측정한 미세먼지 크기와 농도 정보

미세먼지의 직경	미세먼지 개수 농도 (number concentration)
0.3㎛ ≤ d 〈 0.5㎛	3.63×10^7particles/m^3
0.5㎛ ≤ d 〈 1㎛	1.41×10^7particles/m^3
1㎛ ≤ d 〈 3㎛	9.89×10^5particles/m^3
3㎛ ≤ d 〈 5㎛	8.91×10^3particles/m^3
5㎛ ≤ d 〈 10㎛	2.76×10^3particles/m^3
10㎛ ≤ d	1.06×10^3particles/m^3

에어로졸 실험장비가 점점 사용하기 편리해지고 있습니다. 위의 표는 이 책을 집필하면서 미세먼지 농도를 광학입자계수기(OPC)로 직접 실제로 측정한 결괏값입니다.(매 순간 측정값이 달라집니다.)

2

미세먼지 미분방정식 1
기초

왜 미세먼지 기초 미분방정식이 필요한가

에어로졸은 공기 중에 떠 있어야 에어로졸입니다. 입자가 공기 중에 떠 있기 위해서는 중력을 이겨내야 합니다. 입자의 이동과 중력과의 관계를 이해해야 비로소 미세먼지에 대한 기초를 파악할 수 있습니다. 이를 위해서는 입자에 미치는 힘(force)과 가속도(acceleration)를 이해해야 합니다.

이를 방정식으로 만든 것이 바로 미세먼지 미분방정식(differential equation for aerosol particles)입니다.

미세먼지 미분방정식을 풀어냄으로써 비로소 미세먼지가 공기 중에 어떻게 떠 있는지, 얼마 동안 떠 있는지, 얼마만큼 이동할 수 있는지를 파악할 수 있게 됩니다.

미세먼지 미분방정식 풀이에 사용되는 개념을 응용하여 개발한 대표적인 미세먼지 제어장비로는 임팩터와 필터가 있습니다.

또한 미세먼지 미분방정식의 풀이를 이용하고 과학기술의 지식을 활용하여 공기 중 미생물의 전파이론도 생각해 낼 수 있습니다.

따라서, 미세먼지 기술을 이용하여 과학기술적인 새로운 테크

놀로지(technology)를 개발하고 싶다면, 미세먼지 미분방정식을 이해하고 응용할 수 있는 능력이 필요합니다.

지금부터 이 책에서 미세먼지 미분방정식을 풀기 위해 필요한 미분방정식의 기초이론부터 시작하여 그 풀이 결과까지 설명하도록 하겠습니다.

우선 1차적으로 미세먼지의 이동을 지배하는 지배방정식을 구해 보겠습니다. 이 식을 활용해서 물리량 숫자를 대입하여 구체적인 수치들을 직접 계산해 보겠습니다.

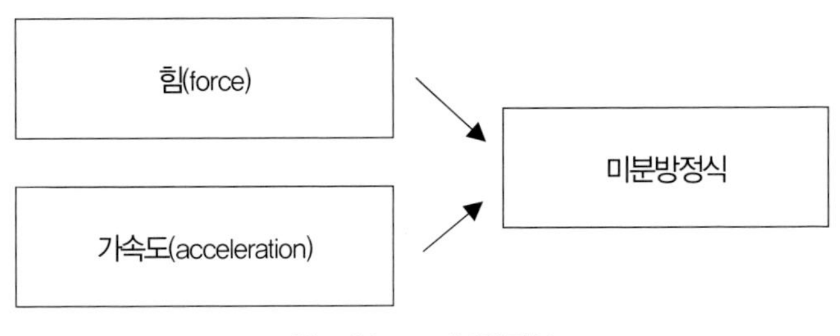

힘, 가속도, 미분방정식

미세먼지 기초 미분방정식 도입

에어로졸을 설명하면서 기초 미분방정식을 말할 수 없다면 그 사람은 미세먼지 전문가가 아닙니다.

에어로졸은 공기 중에 떠 있어야 에어로졸입니다. 따라서 공기 중에 떠 있는, 즉 중력을 이기는 이유에 대한 기초 미분방정식을 풀어야 비로소 에어로졸을 이해할 수 있습니다.

이 미분방정식의 근본은 뉴턴의 제2법칙, 즉 힘과 가속도의 법칙입니다.

이 미분방정식을 하나하나 차례대로 일단 써보기로 하겠습니다. 풀이는 차차 상세히 풀어보도록 하겠습니다. 먼저 미세먼지의 질량을 엠(m)이라고 가정하겠습니다. 여기에는 중력이 작용합니다. 중력가속도를 지(g)라고 하면, 미세먼지 한 개에 작용하는 중력은 지구 중심 방향인 땅바닥 방향으로, 크기가 엠지(mg)인 힘(force)으로 표기됩니다.

하지만, 미세먼지에는 또 다른 힘이 작용합니다. 공기 분자들의 충돌에 의한 공기마찰력이 바로 그것입니다. 이 값은 공기 분자가 충돌하는 경우의 수들을 따져 볼 때, 결국 통상 미세먼지의 이동 속력에 비례하는 크기를 가집니다. 힘의 방향은 마찰력이므로 당연히 이동방향의 반대방향으로 작용하게 됩니다.

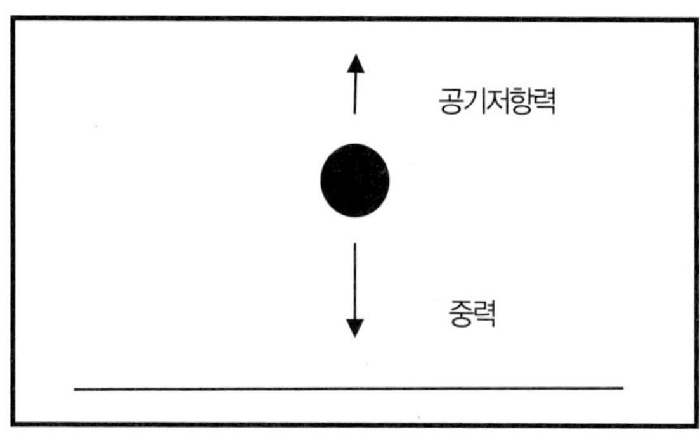

미세먼지에 작용하는 힘

실험 결과, 이 공기마찰력의 크기는 3 × π × 공기의 점성(viscosity) 입자의 속력(v) × 입자의 크기(d)로 주어집니다. 공기마찰력에 대해서는 후반부에 있는 고급이론에서 더 상세히 설명하겠습니다.

따라서, 미세먼지에 작용하는 힘은 지구 중심 방향을 양(positive)이라고 할 때,

$$mg-(3\times\pi\times viscosity\times v\times d)$$

로 주어집니다.

여기에서 뉴턴의 제2법칙을 사용하면, 지구 중심 방향으로의 힘의 합은 해당 질량과 그 방향으로의 가속도(a)의 곱이므로,

$$ma = mg - (3 \times \pi \times viscosity \times v \times d)$$

가 됩니다.

이 미분방정식을 풀면, 이제 미세먼지의 기초인 얼마나 오랫동안 중력을 이기고 입자가 떠 있을 수 있는지를 알게 됩니다.

지금부터 설명하는 한 단락 정도의 내용은 난도가 높으므로, 일단 건너뛰고 나중에 다시 확인하셔도 됩니다. 추가로 후반부 고급이론에서 보다 상세히 설명하겠습니다.

난도를 한 단계 더 높여 이야기하면, 미세먼지에 작용하는 공기 마찰력은 에어로졸의 크기가 작아지면, 에어로졸의 크기에도 영향을 받게 됩니다.

조금 어려운 이야기이지만, 공기라는 유체는 기본적으로 고체나 액체 표면에서 그 속도가 해당 고체나 액체 표면 자체의 속도와 같아집니다. 이를 노슬립조건(no-slip condition)이라고 부릅니다. 공기유체가 표면에서 미끄러지지 않으니 그 표면의 속도와 공기유체의 속도가 같은 속도로 된다는 것입니다. 다시 말하면 에어로졸의 속도와 에어로졸 표면에서 공기의 속도가 같다는 뜻입니다.

그러나, 에어로졸의 크기가 작아서 공기 분자의 자유이동거리(mean free path)와 비슷한 수준이 되면, 고체나 액체 표면에서 공기의 노슬립조건이 깨지고, 슬립현상(slip)이 일어납니다. 에어로졸 표면에서도 공기가 에어로졸의 이동속도와 같은 속도를 가지는 것이 아니라, 에어로졸 표면에서 공기 분자가 미끄러지는 현상이 발생합니다. 이를 다른 말로는 프리분자영역(free molecular region)이라고도 합니다.

여기서 자유이동거리는 공기 분자가 다른 공기 분자와 충돌하기까지 충돌 없이 자유롭게(free) 이동할 수 있는 거리를 말합니다. 자유이동거리의 실제적인 값은 상온의 1기압에서 대략 0.065㎛ 정도입니다.

따라서, 사실 공기마찰력 식은 $3 \times \pi \times viscosity \times v \times d$로 끝나는 것이 아니라, 이 값을 슬립수정계수(slip correction factor)로 나누어 주어야 합니다. 이 슬립수정계수는 에어로졸의 크기와 자유이동거리(mean free path)의 함수입니다.

필자는 극저온영역(cryogenic temperature range)에서 이 슬립수정계수를 연구한 바 있습니다. 그 식은 현재도 조금씩 수정되고 있으므로, 추후에 고급이론에서 자유이동거리와 함께 보다 상세히 설명하겠습니다.

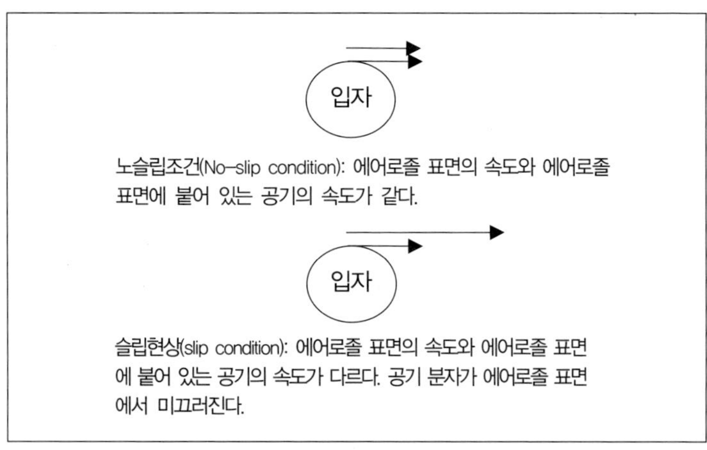

노슬립조건과 슬립현상

지금까지 난도가 있는 부분의 설명을 마치고, 다시 기초 미분방정식(슬림보정계수가 들어가지 않은 방정식) 풀이로 돌아가 보겠습니다.

$$ma = mg - (3 \times \pi \times viscosity \times v \times d)$$

위의 미분방정식을 풀기 위해서는 약간의 변형이 필요합니다. 즉, 좌변에 가속도항을 속도항으로 바꾸는 변형입니다.

그렇게 되면,

$$m(dv/dt) = mg - (3 \times \pi \times viscosity \times v \times d)$$

이 되어, 시간에 대한 입자에어로졸 속도함수인 브이티$[v(t)]$에 대한 미분방정식이 됩니다. 독립변수(independent variable)가 시간 티(t)이고, 종속변수(dependent variable)가 속도 브이(v)인 미분방정식입니다. 브이티를 알게 되면 이를 적분하면 엑스티$[x(t)]$를 당연히 알게 되고, 따라서 입자에어로졸의 중력에 대한 전체 궤적(trajectory)을 알게 됩니다. 또한, 입자의 크기에 따라서 얼마 정도 공기 중에 떠 있게 되는지 등등을 알게 됩니다.

위의 미분방정식은 1계 선형미분방정식(1st order linear differential equation)입니다. 이 미분방정식은 컴퓨터를 이용한 수치적(numerical analysis) 해법을 사용하지 않고, 바로 손으로 풀 수 있습니다. 적분인자(integrating factor)를 이용해, 완전미분방정식(exact differential equation) 방식으로 풀 수 있습니다. 그것을 하나하나 해보도록 하겠습니다.

미분과 미분방정식

이 미분방정식을 풀기 위해서는 우선 변수분리 미분방정식에 대한 이해가 필요하고, 다음으로는 완전미분방정식 풀이에 대한 이해가 필요합니다. 그 후에야 비로소 이 두 가지를 결합하여 미세먼지 기초미분방정식을 풀 수 있습니다. 따라서, 먼저 변수분리 미분방정식 풀이법에 대해서 이해해야 합니다.

그런데, 그 전에 보다 기초적으로 미분(differentiation)이 도대체 무엇인가를 생각해 보겠습니다. 미분은 어떠한 두 개의 값들의 관계식에서 한 개의 값이 변할 때, 다른 한 개의 값의 변화하는 정도를 나타내는 수학적 표현입니다.

x와 y라는 두 개의 값이 있을 때, 이들이 각각 Δx와 Δy라는 변화를 보이게 되는데, 이때 두 변화의 비율이 미분값(dy/dx)으로 표현됩니다.

$$\frac{dy}{dx} = \lim_{\Delta x \to 0} \frac{\Delta y}{\Delta x}$$

세상에서 거의 모든 값들은 변화합니다. 또한 한 가지 값이 변화할 때 다른 값들도 영향을 받습니다. 따라서, 세상을 알기 위해서는 미분을 이해해야 하는 것이 당연한 것입니다. 이러한 미분, 다른 말로는 '변화율'이 들어가 있는 방정식을 미분방정식이라고 합니다.

예를 들어 다음과 같은 방정식입니다.

$$x\frac{dy}{dx}+y=0$$

위의 미분방정식에서는 미분이 들어가 있는 항(term)의 앞에 x라는 변수가 붙어 있고 미분이 들어가 있지 않은 항에는 y라는 변수가 있습니다. 미분에 제곱을 할 수도 있고, 경우에 따라서는 식들의 나열에 미분이 들어가 있기도 한데, 어쨌든 방정식에 미분이 들어가 있으면 미분방정식입니다.

위의 미분방정식에서, 미분이 들어가 있는 항이나 다른 항에 일반적인 함수의 형태가 오는 경우는 다음과 같이 표현될 수도 있습니다.

$$f(x)\frac{dy}{dx}+w(y)=0$$

여기서 $f(x)$는 x에 대한 임의의(arbitrary) 함수이고, $w(y)$는 y에 대한 임의의 함수입니다.

변수분리 미분방정식 해법

이제 변수분리(separation of variable) 미분방정식 풀이법에 대해서 생각해 보겠습니다. 일반적으로 미분방정식을 푼다는 의미는 미분방정식을 만족하는 함수(function)를 찾아내는 것을 말합니다. 보통의 미분방정식은 풀이를 하더라도 완벽한 수학적 해(solution)를 찾을 수 없습니다. 대부분은 컴퓨터 계산을 통한 수치해석(numerical analysis)을 이용해 근사화된 숫자들의 집합을 미분방정식의 해로 취급합니다.

그러나, 적은 수의 미분방정식은 명백한 해를 가집니다. 그 풀이법의 기초가 변수분리 방법이라고 말할 수 있습니다. 변수분리법을 활용할 수 있는 미분방정식은 그 형태가 대단히 제한적입니다. 통상 다음과 같은 형태일 경우에 변수분리법을 사용할 수 있습니다.

$$f(x)(\frac{dy}{dx})+w(y)=0$$

여기서, 변수분리를 시행합니다.

$$f(x)\frac{dy}{dx}=-w(y)$$

$$\frac{dy}{w(y)}=-\frac{dx}{f(x)}$$

즉, y도 하나의 변수로 생각하고, y가 들어있는 항들을 좌변으로 모으고, x가 들어 있는 항들을 우변으로 모은 후, 식을 정리하는 것입니다. 좌변에는 y만의 식들이 있고, 우변에는 x만의 식들이 있습니다. 미분기호인 'dy/dx'도 편의상 자유롭게 dy와 dx로 분리합니다.

그다음에 양쪽을 적분(integration)해줍니다. 그러면 좌변은 y의 함수가 나오고 우변은 x의 함수가 나옵니다. 그렇게 만들어진 y와 x의 관계식이 이 미분방정식을 만족하는 해(solution)가 됩니다.

$$\int\frac{dy}{w(y)}=\int-\frac{dx}{f(x)}$$

변수분리법은 한 번 미분한 경우가 포함된 1계 미분방정식(first order differential equation)의 특별한 형태의 경우에만 적용될 수 있는 풀이법입니다. 여기서 '한 번 미분'이라는 뜻은 'dy/dx'로 한 번 미분했다는 뜻입니다. 두 번 미분하면 'd^2y/dx^2'이 됩니다. 세 번 미분하면 'd^3y/dx^3'이 됩니다. 즉, 한 번 미분한 경우의 미분이 들어간 미분방정식을 1계 미분방정식이라고 한다는 말입니다.

완전미분방정식 해법

완전미분방정식(exact differential equation)에 대해서 생각해 보도록 하겠습니다. 완전미분방정식 풀이법은 변수분리 방법에 비하여 훨씬 복잡합니다. 복잡하고 난도가 높으니, 천천히 하나하나 따라오셔야 이해할 수 있습니다.

완전미분방정식은 미분방정식이 다음과 같은 식으로 변형될 수 있다고 가정한 경우에만 사용 가능한 풀이법입니다.

$$du1 = \frac{\partial u1}{\partial x}dx + \frac{\partial u1}{\partial y}dy = 0$$ (완전미분방정식의 식 형태)

즉, x와 y로 이루어진 미분방정식의 식을 정리했을 때, dx 앞의 항들과 dy 앞의 항들이 있는 형태로 정리되고, 그 식의 합이 0이 되는, 이러한 형태가 되었을 때 완전미분방정식 풀이법을 적용할 수 있습니다. 다시 말하면, dx와 dy 앞의 항들이 2변수함수인 $u1(x,y)$의 x에 대한 편미분, y에 대한 편미분 형태로 변형될 수 있는 경우에 사용 가능한 풀이법입니다. 수식을 한국어로 표현해서 설명하는 것이 쉽지만은 않습니다. 그래도 더 설명해 보겠습니다.

예를 들면 다음과 같습니다. 이 식을 풀어서 최종 해까지 구해 보겠습니다. 그를 통해 설명을 해보겠습니다.

$$x\frac{dy}{dx}+y=0$$

위의 같은 미분방정식이 있습니다. 이를 양변에 dx를 곱해서 완전미분방정식의 형태로 변화시킵니다.

$$xdy+ydx=0$$

dx와 dy의 위치를 바꾸겠습니다.

$$ydx+xdy=0$$

위의 식을 보면 최소한 완전미분방정식의 식 형태로 변형되었음을 확인할 수 있습니다.

이제 이 식을 위의 2변수함수 변화값의 형태와 상세히 비교해 보겠습니다.

$$du1=\frac{\partial u1}{\partial x}dx+\frac{\partial u1}{\partial y}dy=0$$

여기서 dx 앞의 항인 y와 dy 앞의 항인 x가 각각 가상의 2변수함수인 $u1(x,y)$의 x에 대한 편미분과 y에 대한 편미분에 비교되는 것을 확인할 수 있습니다. 이제 이 각각의 항들이 서로 매치(match)된다고 가정하고, 미분방정식 풀이를 해나가 보겠습니다. 구체적으로 쓰면 다음과 같습니다.

$$y = \frac{\partial u1}{\partial x}$$

$$x = \frac{\partial u1}{\partial y}$$

그런데, 통상 2변수함수에서는 다음과 같은 관계식인 【식 1】이 성립합니다. 따라서 문제를 본격적으로 풀기 전에 완전미분방정식의 형태로 정리된 식이 다음의 【식 1】을 만족하는지 확인한 후, 만족하면 완전미분방정식으로 풀 수 있고, 그렇지 않으면 다른 방식으로 접근하는 것을 생각해 볼 수 있습니다. 다시 한번 말씀드리지만, 수식을 한국어로 표현해서 설명하는 것이 쉽지만은 않습니다. 다시 한 번 천천히 읽어보기 바랍니다.

$$\frac{\partial^2 u1}{\partial y \partial x} = \frac{\partial^2 u1}{\partial x \partial y} \quad \text{【식 1】}$$

위와 같은 논리를 활용하여, 다음의 미분방정식에 적용해 보겠습니다.

$$ydx + xdy = 0$$

$$y = \frac{\partial u1}{\partial x}$$

$$\frac{\partial^2 u1}{\partial y \partial x} = \frac{\partial}{\partial y}(\frac{\partial u1}{\partial x}) = \frac{\partial}{\partial y}(y) = 1$$

$$x = \frac{\partial u1}{\partial y}$$

$$\frac{\partial^2 u1}{\partial x \partial y} = \frac{\partial}{\partial x}(\frac{\partial u1}{\partial y}) = \frac{\partial}{\partial x}(x) = 1$$

위의 식들을 정리하면 다음의 식을 알 수 있습니다.

$$\frac{\partial^2 u1}{\partial y \partial x} = \frac{\partial}{\partial y}(y) = 1 = \frac{\partial}{\partial x}(x) = \frac{\partial^2 u1}{\partial x \partial y}$$

따라서, 다음과 같은 미분방정식(미분방정식 【식 2】)은 완전미분방정식으로 풀 수 있음을 알 수 있습니다.

$$x\frac{dy}{dx} + y = 0$$ (미분방정식 【식 2】)

이 미분방정식은 완전미분방정식으로 풀 수 있다는 것을 확인했으므로 본격적으로 풀어보도록 하겠습니다. 좀 어렵더라도 하나씩 따라해보면 서서히 이해가 될 것입니다.

$$ydx + xdy = 0$$

$$y = \frac{\partial u1}{\partial x}$$

여기서 x에 대하여 편적분(partial integration)을 해서 $u1$의 형태를 구체화합니다.

편적분은 다른 변수를 상수로 보고, 초점을 맞춘 변수만을 가지고 적분하는 것을 말합니다.

$$\frac{\partial u1}{\partial x} = y$$

$$u1 = \int y dx = yx + G(y)$$

위의 내용을 설명하면, x에 대한 편적분이었으므로 y는 상수취급을 해서 yx라는 항이 적분 결과로 나오게 된 것이고, 적분상수로서 y에 대한 임의의 함수가 주어진 것입니다. y에 대한 임의의 함수는 x에 대한 편미분에서는 0이 되므로, 편적분했을 때, 그냥 상수 대신에 보다 일반적으로 y에 대한 임의의 함수 $G(y)$로 쓰게 되는 것입니다. 수학적 수식들을 한국어로 표현하기가 어렵습니다. 다시 한번 잘 읽어보기 바랍니다.

위의 $u1$식에서 이번에는 y에 대한 편미분을 해서, 주어진 완전미분방정식의 dy 앞의 항과 일치시켜 보겠습니다.

$$\frac{\partial u1}{\partial y} = x + \frac{dG(y)}{dy} \quad 【식3】$$

그런데, 주어진 미분방정식(미분방정식 【식 2】)에서 $u1$의 y에 대한 편미분은 다음 식과 같습니다.

$$\frac{\partial u1}{\partial y} = x \quad 【식4】$$

따라서, 【식 3】과 【식 4】를 비교해 보면 다음과 같은 값을 얻게 됩니다.

$$\frac{dG(y)}{dy} = 0$$

이 되고, $G(y) = c$(상수)가 됩니다.

정리하면, 가상의 2변수 함수 $u1(x,y) = xy + c$로 구할 수 있습니다.

조금 긴 내용이므로, 이 단원을 끝까지 살펴본 후에 다시 한 번 읽어 보면 이해하는 데 큰 도움이 될 것입니다. 계속 설명해 드리겠습니다.

그런데, 여기서 완전미분방정식의 기본 가정에 대해서 생각할 필요가 있습니다.

$$du1 = \frac{\partial u1}{\partial x}dx + \frac{\partial u1}{\partial y}dy = 0$$

위 식의 의미는 가상의 2변수 함수 $u1(x,y)$의 변화가 0이라는 뜻으로, 이 의미는 $u1(x,y)$값이 항상 같다, 즉 상수라는 것입니다. 따라서, 미분방정식이 $u1(x,y)$의 변화 정도인 $du1$가 0이라는 형태로, 즉 $du1 = 0$으로 변형되었다는 의미이므로, 미분방정식의 해(solution)는 가상의 2변수 함수관계식=상수라는 형태가 되는 것입니다.

다시 정리해 보겠습니다.

$$x\frac{dy}{dx}+y=0$$

미분방정식(미분방정식 【식 2】)은

$$ydx+xdy=0$$

위와 같이 변화되고, 이는

$$u1(x,y)=xy+c=constant \quad 【식 5】$$

의 관계식으로 주어집니다.

더 정리하면【식 5】의 c도 임의의(arbitrary) 상수이므로, 최종적인 해(solution)는

$$xy=constant$$

가 답이 됩니다. $u1$은 문제를 풀기 위해서 임시로 도입한 가상의 2변수 함수일 뿐이고, 결국 x와 y의 관계식이 나왔으므로, $u1$은 삭제하게 됩니다.

다른 말로 하면,

$$xy=constant$$

식이

$$x\frac{dy}{dx}+y=0$$

미분방정식을 만족하는 해라는 뜻입니다.

이 단원(완전미분방정식 해법)은 상당히 어려우므로 다시 한 번 읽어 보기를 바랍니다. 이 단원을 이해해야 미세먼지 미분방정식을 풀 수 있습니다. 다만, 완전미분방정식의 이론이, 이 책의 미분방정식 풀이에서 반복되므로, 여기서 바로 이해가 되지 않더라도, 계속 읽어가다 보면 이해가 되실 수도 있습니다.

완전미분방정식 적분인자 해법

완전미분방정식은 미분방정식이 다음과 같은 식으로 변형될 수 있다고 가정한 경우에만 사용 가능한 풀이법이라고 말한 바 있습니다.

$$du1 = \frac{\partial u1}{\partial x}dx + \frac{\partial u1}{\partial y}dy = 0 \quad \text{(완전미분방정식 식 형태)}$$

그런데, 어떤 경우에는 위의 식과 비슷하게 변형되었는데, 최종적으로는 다음의 편미분관계식을 만족하지 못하는 경우가 있습니다.

$$\frac{\partial^2 u1}{\partial y \partial x} = \frac{\partial^2 u1}{\partial x \partial y}$$

즉, dx 앞의 항과 dy 앞의 항이 위의 편미분관계식을 만족하지 못하여 편적분을 활용한 완전미분방정식 풀이법을 사용하지 못하는 경우가 된다는 말입니다. 이런 경우에는 x 또는 y에만 의존하는 가상의 함수 $F1(x)$ 또는 $F2(y)$를 가정하여, 미분방정식의 양변에 곱해주어서 미분방정식을 억지로 완전미분방정식이 되도록 해줍니다. 그다음에 완전미분방정식으로 푸는 것입니다. 이를 적분인자 해법이라고 합니다.

상당히 난도가 있는 부분입니다. 천천히 풀이를 따라 한다면 서서히 이해가 되실 것입니다.

예를 들어보겠습니다.

$$p1(x,y)dx + Q1(x,y)dy = 0 \quad 【식6】$$

이라는 미분방정식(미분방정식 【식 6】)이 있을 때,

$$\frac{\partial p1(x,y)}{\partial y} \neq \frac{\partial Q1(x,y)}{\partial x}$$

의 경우가 되면 완전미분방정식 풀이법을 사용하지 못합니다. 이 경우 가상의 함수 $F1(x)$를 곱해서 억지로 완전미분방정식이 되도록 해준다는 뜻입니다. 단, 이 경우, 식을 정리했을 때, 모순이 생기면 활용할 수 없습니다. 이런 경우는 $F2(y)$를 곱하는 것을 다시 시도해 보아야 합니다. 물론 이 가상의 함수 $F1(x)$ 또는 $F2(y)$도 완전미분방정식이 되도록 추가로 계산해서 찾아 주어야 합니다.

예를 들어보겠습니다.

$F1(x)$를 활용했을 때, 풀이되는 경우를 예로 들어 생각해 보도

록 하겠습니다. '미분방정식 【식 6】'에 $F1(x)$를 곱합니다.

$$F1(x)p1(x,y)dx+F1(x)Q1(x,y)dy=0$$

여기서 가정을 합니다.

$$\frac{\partial F1(x)p1(x,y)}{\partial y}=\frac{\partial F1(x)Q1(x,y)}{\partial x}$$

여기서 함수가 곱해졌을 때 미분하는 방법을 활용합니다. 즉 하나씩 미분하는 방법입니다.

$$F1(x)\frac{\partial p1(x,y)}{\partial y}+p1(x,y)\frac{\partial F1(x)}{\partial y}$$

$$=F1(x)\frac{\partial Q1(x,y)}{\partial x}+Q1(x,y)\frac{\partial F1(x)}{\partial x}$$

여기서 $F1(x)$는 x만의 함수이므로 y에 대한 편미분의 값은 0입니다.

따라서 위의 식은 아래의 식처럼 풀어집니다.

$$F1(x)\frac{\partial p1(x,y)}{\partial y}+0=F1(x)\frac{\partial Q1(x,y)}{\partial x}+Q1(x,y)\frac{\partial F1(x)}{\partial x}$$

위 식은 다음과 같이 정리됩니다.

$$Q1(x,y)\frac{\partial F1(x)}{\partial x}=F1(x)(\frac{\partial p1(x,y)}{\partial y}-\frac{\partial Q1(x,y)}{\partial x})$$

위 식에서 $F1(x)$ 부분을 좌변으로 이동하여 묶을 수 있습니다.

$$\frac{1}{F1(x)}\frac{\partial F1(x)}{\partial x}=\frac{1}{Q1(x,y)}\left(\frac{\partial p1(x,y)}{\partial y}-\frac{\partial Q1(x,y)}{\partial x}\right)$$ 【식 7】

완전미분방정식이 되기 위한 조건인 위의 식을 만족하는 $F1(x)$를 찾고, 그다음에야 비로소 그 식을 원래의 미분방정식(미분방정식 【식 6】)에 곱합니다. 그 후에 완전미분방정식 풀이법을 이용해서 문제를 풀 수 있는 것입니다.

그런데, 위 【식 7】을 관찰해보면 좌변은 x만의 식인데, 우변은 x,y가 뒤엉켜 있습니다.

따라서, 주어진 미분방정식(미분방정식 【식 6】)의 dx 앞의 $p1(x,y)$와 dy 앞의 $Q1(x,y)$가 위 【식 7】에서 우변의 식을 연산했을 때 x만의 식이 남는 조건이 되어야 비로소 $F1(x)$를 구할 수 있고, 그제야 비로소 완전미분방정식의 방식으로 '미분방정식 【식 6】'을 풀 수 있다는 이야기입니다.

조금 복잡하지만, 다시 말하면 주어진 미분방정식(미분방정식 【식 6】)의 dx 앞의 $p1(x,y)$와 dy 앞의 $Q1(x,y)$가 위 【식 7】에서 우변의 식을 연산했을 때, 다음의 식이

$$\frac{1}{Q1(x,y)}\left(\frac{\partial p1(x,y)}{\partial y}-\frac{\partial Q1(x,y)}{\partial x}\right)$$

x만의 식으로 나오지 않는다면, $F1(x)$를 사용할 수 없다는 말입니다. 그런 경우는 $F2(y)$ 식을 시도해 보아야 합니다.

여기서 만일 우변의 식이 x만의 식으로 나왔을 때, 이 경우 변수

분리법을 이용하여 $F1(x)$를 구할 수 있고, 이 경우 $F1(x)$를 적분인자(integrating factor)라고 합니다. 그리고 이를 활용하여 미분방정식(미분방정식 【식 6】)을 완전미분방정식의 방법으로 풀 수 있는 것입니다.

적분인자가 된다면, 다음과 같이 【식 7】이 변형될 수 있습니다.

$F1(x)$는 x만의 함수이므로 편미분에서 상미분(ordinary differentiation)으로 형태를 바꿀 수 있습니다.

$$\frac{1}{F1(x)}\frac{dF1(x)}{dx}=\frac{1}{Q1(x,y)}\left(\frac{\partial p1(x,y)}{\partial y}-\frac{\partial Q1(x,y)}{\partial x}\right)$$

$$\frac{dF1}{F1}=\frac{1}{Q1(x,y)}\left(\frac{\partial p1(x,y)}{\partial y}-\frac{\partial Q1(x,y)}{\partial x}\right)dx$$

우변의 식이 x만의 함수이므로(그렇다고 가정했으므로, 적분인자라고 부른 것이므로), 양변을 적분한 후 정리하면 $F1(x)$를 구할 수 있습니다.

$$\ln(F1)=\int\frac{1}{Q1(x,y)}\left(\frac{\partial p1(x,y)}{\partial y}-\frac{\partial Q1(x,y)}{\partial x}\right)dx$$

$$F1(x)=\exp\left(\int\frac{1}{Q1(x,y)}\left(\frac{\partial p1(x,y)}{\partial y}-\frac{\partial Q1(x,y)}{\partial x}\right)dx\right)$$

이렇게 $F1(x)$를 구한 후, 원래 미분방정식(미분방정식 【식 6】)에 대입한 후, 완전미분방정식의 풀이로 푸는 것입니다.

$$F1(x)p1(x,y)dx+F1(x)Q1(x,y)dy=0$$

다시 말하자면, 이렇게 풀이가 이어지려면

$$\frac{1}{Q1(x,y)}\left(\frac{\partial p1(x,y)}{\partial y}-\frac{\partial Q1(x,y)}{\partial x}\right)$$

부분이 x만의 함수로 표현되어야 합니다. 그런 경우만 이런 풀이가 가능한 것입니다.

$F1(x)$가 되지 않으면, $F2(y)$를 시도해 볼 수 있습니다.

$F2(y)$의 경우는 대칭적으로 생각해 보면 됩니다.

다시 한 번 이 단원과 전 단원을 읽어 보기를 권장합니다.

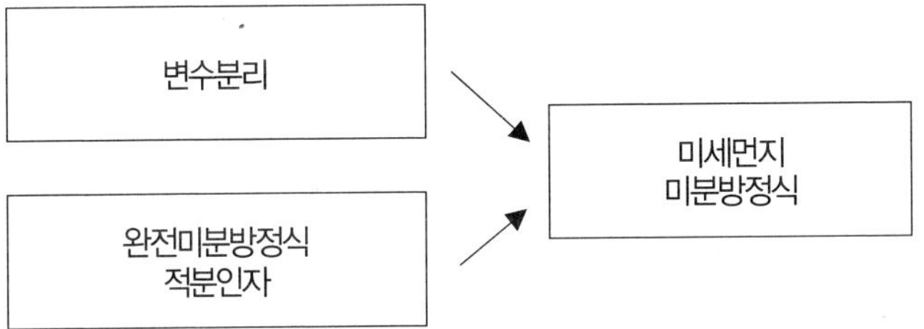

변수분리, 완전미분방정식 적분인자 풀이법과 미세먼지 미분방정식의 관계

3

미세먼지 미분방정식 2 풀이

중력 효과에 의한 미세먼지 기초 미분방정식 풀이 1

이제 변수분리법과 완전미분방정식 풀이법과 적분인자(integrating factor) 풀이법을 알았으므로, 다음의 기초 미세먼지 미분방정식을 풀 수 있는 수학적 기반을 마련한 것입니다.

이제, 하나씩 풀어보도록 하겠습니다.

미세먼지 기초 미분방정식은 다음과 같이 표현됩니다.

$$m\frac{dV}{dt} = mg - 3\pi\mu Vd$$

여기서 m은 입자의 질량, $V(t)$는 입자의 속도인데 중력방향(지구 중심방향)을 양(positive)으로 잡겠습니다. t는 시간이고, g는 중력가속도, μ는 공기의 점성(viscosity), d는 입자의 직경(diameter)입니다. 본질적으로 위의 미분방정식을 푼다는 의미는 $V(t)$를 찾아내는 것입니다.

수식을 다루기에 편리하도록 편의상 상수변수들 여러 개를 모아서 치환해 보도록 하겠습니다.

$3\pi\mu d = B$로 치환하겠습니다.

$$m\frac{dV}{dt} = mg - BV$$

완전미분방정식(exact differential equation)으로 풀기 위해 식을 변형하겠습니다.

$$mdV = (mg - BV)dt$$
$$(mg - BV)dt - mdV = 0$$

위 식을 완전미분방정식 형태와 비교해 보겠습니다.

$$du1 = \frac{\partial u1}{\partial t}dt + \frac{\partial u1}{\partial V}dV = 0$$

완전미분방정식 풀이법을 사용하려면, 다음 식

$$\frac{\partial^2 u1}{\partial V \partial t} = \frac{\partial^2 u1}{\partial t \partial V} \quad 【식8】$$

이 성립해야 합니다.

【식 8】의 좌변을 먼저 계산해 보겠습니다.

$$\frac{\partial^2 u1}{\partial V \partial t} = \frac{\partial}{\partial V}\left(\frac{\partial u1}{\partial t}\right) = \frac{\partial}{\partial V}(mg - BV) = -B$$

이제는【식 8】의 우변을 계산해 보겠습니다.

$$\frac{\partial^2 u1}{\partial t \partial V} = \frac{\partial}{\partial t}\left(\frac{\partial u1}{\partial V}\right) = \frac{\partial}{\partial t}(-m) = 0$$

좌변과 우변을 비교해 보겠습니다.

$$\frac{\partial^2 u1}{\partial V \partial t} = -B \neq 0 = \frac{\partial^2 u1}{\partial t \partial V}$$

따라서 완전미분방정식으로 풀 수 없음을 알 수 있습니다.

이제 적분인자 풀이법을 시도해 보겠습니다.

적분인자(integrating factor) $F(t)$를 도입하겠습니다.

$$F(mg - BV)dt - FmdV = 0 \quad 【식9】$$

완전미분방정식을 적용할 수 있는 조건을 만족할 수 있는 $F(t)$를 찾아보도록 하겠습니다.

$F(t)$를 찾으면, 완전미분방정식을 활용하여 문제를 풀 수 있습니다.

다음 두 식을 비교해 보겠습니다.

$$F(mg - BV)dt - FmdV = 0$$

$$du1 = \frac{\partial u1}{\partial t}dt + \frac{\partial u1}{\partial V}dV = 0$$

여기서 완전미분방정식을 적용하려면 다음의 식이 성립해야 합니다.

$$\frac{\partial^2 u1}{\partial V \partial t} = \frac{\partial^2 u1}{\partial t \partial V} \quad 【식10】$$

【식 10】의 좌변을 먼저 풀어보도록 하겠습니다.

$$\frac{\partial^2 u1}{\partial V \partial t} = \frac{\partial}{\partial V}\left(\frac{\partial u1}{\partial t}\right) = \frac{\partial}{\partial V}(Fmg - FBV) = -FB$$

이번에는 【식 10】의 우변을 풀어보도록 하겠습니다.

$$\frac{\partial^2 u1}{\partial t \partial V} = \frac{\partial}{\partial t}\left(\frac{\partial u1}{\partial V}\right) = \frac{\partial}{\partial t}(-Fm) = m\frac{\partial}{\partial t}(-F)$$

이제 좌변과 우변이 일치해야 완전미분방정식 풀이를 적용할 수 있으니, 좌변과 우변을 일치시켜 보겠습니다.

$$\frac{\partial^2 u1}{\partial V \partial t} = -FB = -m\frac{\partial}{\partial t}(F) = m\frac{\partial}{\partial t}(-F) = \frac{\partial^2 u1}{\partial t \partial V}$$

이 식을 다시 표현해서 $F(t)$를 구할 수 있는 형태로 바꾸어 보겠습니다.

$$-FB = -m\frac{d}{dt}(F)$$

여기서 우변의 F에 대한 미분이, 편미분(partial differentiation)에서 상미분(ordinary differentiation)으로 바뀐 것은 우변의 F 함수가 t에만 의존하는 함수라고 가정했기 때문입니다.

$$-FB = -m\frac{dF}{dt} \quad 【식 11】$$

위의 식도 역시 미분방정식입니다. $F(t)$를 찾기 위한 미분방정식이 새롭게 만들어진 것입니다.

이 미분방정식 【식 11】을 풀어서 $F(t)$를 찾은 후, 원래 미분방정식 【식 9】에 대입한 후, 다시 완전미분방정식 풀이법을 이용해 미세먼지 거동을 나타내는 미분방정식을 풀어서 $V(t)$를 찾아내는 것입니다.

이제 $F(t)$를 찾는 작업을 시작해 보겠습니다. 【식 11】 양변에 마이너스 기호를 상쇄하겠습니다.

$$m\frac{dF}{dt}=FB$$

미분방정식 풀이법 중에서 어떤 방법을 활용할까를 생각해 보기 바랍니다.

잠시 생각해 보면 변수분리법을 활용할 수 있음을 알게 됩니다.

F가 들어있는 항은 좌변으로, t에 의존하는 부분과 나머지 상수들은 우변으로 위치를 조절하겠습니다. 그러고 나서 양변을 적분하겠습니다.

$$\int\frac{dF}{F}=\int\frac{B}{m}dt$$

위의 식을 적분하면 그 결과는 다음과 같습니다.

$$\ln F=\frac{B}{m}t \quad \text{【식 12】}$$

여기서 적분상수를 쓰지 않는 이유는 【식 9】에서 $F(t)$는 원래의 미분방정식에 임시로 곱해져서 미분방정식을 완전미분방정식 풀이법이 가능한 미분방정식으로 만들어 주는 기능만을 수행하기 때문입니다. 비유적으로 말하자면 자신은 별 변화 없이 생화학반응만을 일으키는 효소(enzyme)와 같다고 표현할 수도 있겠습니다.

즉, 원래 미분방정식 양변에 곱해져서, 완전미분방정식의 풀이법이 가능하게 해줄 뿐, 다른 어떤 의미도 갖지 않기 때문에, 적분상수까지 쓸 필요가 없다고 말할 수 있습니다.

또한 최종적으로는 적분상수를 사용하지 않고 F를 찾은 후, 그 F를 사용해서 문제를 풀면, 그 해가 원래 미분방정식을 완벽하게 만족하기도 합니다.

계속 풀어보도록 하겠습니다. 위의 【식 12】에서 로그를 풀어내겠습니다.

$$F = e^{\frac{B}{m}t}$$

그러면, 위의 식과 같이 됩니다. 따라서, 우리는 적분인자를 찾았습니다. 이제 이 적분인자를 도입하여 미분방정식을 다시 써보겠습니다.

원래 미분방정식은 다음과 같았습니다.

$$(mg - BV)dt - md\,V = 0$$

적분인자 $F(t)$가 곱해진 미분방정식 【식 9】는 다음과 같습니다.

$$e^{\frac{B}{m}t}(mg-BV)dt-e^{\frac{B}{m}t}mdV=0 \quad \text{【식13】}$$

이제 완전미분방정식을 위해서 $u1$함수를 찾고, 최종적으로 V 함수를 찾는 과정을 해보도록 하겠습니다.

중력 효과에 의한 미세먼지 기초 미분방정식 풀이 2

$$e^{\frac{B}{m}t}(mg-BV)dt-e^{\frac{B}{m}t}mdV=0$$ 【식13】

위의 【식 13】을 다음의 식에 대응하도록 하겠습니다.

$$du1=\frac{\partial u1}{\partial t}dt+\frac{\partial u1}{\partial V}dV=0$$

여기서, dV 앞의 항, 즉 완전미분의 우측항부터 작업해 보도록 하겠습니다.

$$\frac{\partial u1}{\partial V}=-e^{\frac{B}{m}t}m=-me^{\frac{B}{m}t}$$

이 식을 편적분하면, 다음과 같이 풀어집니다.

$$u1=-mVe^{\frac{B}{m}t}+k(t)$$

$u1$이 $u1(V,t)$함수로서 V와 t의 함수이므로, V에 대해서 편적분(partial integration) 했을 경우, 여기서 적분상수로서 $k(t)$함수가 나왔습니다. 즉, 위의 적분은 V에 대한 편적분이기 때문에 t는 상수로 취급하므로, t에 대한 일반함수로 적분상수를 적는 것이 바람직합니다.

다시 설명하면, V에 대한 편미분에 대한 결과인 다음의 식에 대하여,

$$\frac{\partial u1}{\partial V} = -me^{\frac{B}{m}t}$$

V에 대하여 편적분을 하므로, t에 대한 함수가 있어도 상수로 취급되어 편미분 당시 0이 됩니다. 따라서 V에 대한 편적분의 결과에서는 t만의 함수인 $k(t)$함수라는 것을 적분상수로 다음과 같이 쓸 수 있다는 말입니다.

$$u1 = -mVe^{\frac{B}{m}t} + k(t)$$

이제 dt 앞의 항들, 즉 좌측항을 이용해 $u1(V,t)$를 구체화해 보겠습니다.

$$\frac{\partial u1}{\partial t} = e^{\frac{B}{m}t}(mg - BV) \quad \text{【식 14】}$$

그런데, 여기서 dV 앞의 항, 즉 완전미분의 우측항에서 찾아낸

$u1$함수도 함께 이용해 보겠습니다.

$$u1 = -mVe^{\frac{B}{m}t} + k(t) \quad 【식 15】$$

찾아낸 위 함수【식 15】에서 t에 대하여 편미분을 해보겠습니다. 그러면 다음과 같은 식이 나옵니다.

$$\frac{\partial u1}{\partial t} = -mV\frac{B}{m}e^{\frac{B}{m}t} + \frac{dk}{dt} \quad 【식 16】$$

그런데, 우리가 찾는 $u1(V,t)$는 어떤 방식으로 찾든지, $u1(V,t)$라는 하나의 함수가 되어야 합니다. 즉, dV 앞의 항을 편적분해서 찾은 $u1(V,t)$나, dt 앞의 항을 편적분해서 찾은 $u1(V,t)$나 같은 형태여야 합니다.

다른 말로 표현하면【식 14】는【식 16】과 같아야 합니다. 즉, 다음과 같은 식으로 표현할 수 있습니다. dt 앞의 항들, 즉 좌측항을 이용한 식 = dV 앞의 항들, 즉 우측항을 이용한 식이 됩니다.

$$\frac{\partial u1}{\partial t} = e^{\frac{B}{m}t}(mg - BV) = \frac{\partial u1}{\partial t} = -mV\frac{B}{m}e^{\frac{B}{m}t} + \frac{dk}{dt} \quad 【식 17】$$

위의【식 17】로부터 $u1(V,t)$를 이루고 있던 $k(t)$함수의 정체를 조금 더 확실히 알 수 있습니다.

위의【식 17】의 좌측 부분은 아래와 같이 풀 수 있습니다. 또한 우측 부분도 아래와 같이 풀 수 있습니다.

$$\frac{\partial u1}{\partial t} = e^{\frac{B}{m}t}(mg - BV) = mge^{\frac{B}{m}t} - BVe^{\frac{B}{m}t} \quad 【식 18】$$

$$\frac{\partial u1}{\partial t} = -mV\frac{B}{m}e^{\frac{B}{m}t} + \frac{dk}{dt} = \frac{dk}{dt} - BVe^{\frac{B}{m}t} \quad 【식 19】$$

즉, 여기서 【식 18】과 【식 19】를 비교해 보면 다음과 같은 식을 찾아낼 수 있습니다.

$$\frac{dk}{dt} = mge^{\frac{B}{m}t} \quad 【식 20】$$

즉, $k(t)$식을 찾아낼 수 있는 계기를 찾은 것입니다. 이제, 이 【식 20】을 적분하면 다음과 같습니다.

$$k = mg\frac{m}{B}e^{\frac{B}{m}t} + C$$

여기서 C는 적분상수입니다.

위에서 $k(t)$함수를 찾았으므로, 가상의 2변수 함수 $u1(V,t)$는 【식 15】로부터 다음과 같이 변형됩니다.

$$u1 = -mVe^{\frac{B}{m}t} + \frac{m^2 g}{B}e^{\frac{B}{m}t} + C \quad 【식 21】$$

여기서 C는 임의의 상수입니다.

완전미분방정식 풀이법에서 $u1(V,t)$는 가상(virtual)의 함수일 뿐입니다.

우리가 원래 풀고자 했던 미분방정식은 다음의 식입니다.

$$du1 = \frac{\partial u1}{\partial t}dt + \frac{\partial u1}{\partial V}dV = 0$$

$du1 = 0$이라는 뜻은 $u1$함수의 변화(delta)가 없다는 것이고, 위의 미분방정식의 해는 $u1$ =상수라는 것입니다. 즉, 우리가 찾은 $u1$함수에다가 그 $u1$함수는 변화가 없다, 즉 '상수다'라는 조건을 붙여야 해가 된다는 뜻입니다. 【식 21】은 '상수다'가 해가 된다는 뜻입니다.

$$u1 = -mVe^{\frac{B}{m}t} + \frac{m^2 g}{B}e^{\frac{B}{m}t} + C = C^*$$

상수가 2개나 나오므로 나중에 도입된 상수는 C^*라고 위에서 표현했습니다.

여기서, $u1$는 가상의 함수에 불과하고, 위의 관계식을 통해서 V와 t의 관계식이 나왔으므로, 이를 통해 $V(t)$함수를 찾아낼 수 있습니다.

$$-mVe^{\frac{B}{m}t} + \frac{m^2 g}{B}e^{\frac{B}{m}t} + C = C^*$$

C와 C^* 모두 임의의(arbitrary) 상수이므로, 두 상수를 통합하여, $C^* - C$를 임의의 상수 C로 다시 바꾸겠습니다.

$$-mVe^{\frac{B}{m}t}+\frac{m^2g}{B}e^{\frac{B}{m}t}=C^*-C$$

$$-mVe^{\frac{B}{m}t}+\frac{m^2g}{B}e^{\frac{B}{m}t}=C \quad 【식22】$$

위의 식을 잘 정리하면, $V(t)$ 형태로 해(solution)를 쓸 수 있습니다.

물론 $u1$함수의 필요성은 사라졌습니다. $u1(V,t)$함수는 완전 미분방정식 풀이를 위해서 임시로 편의상 만든 가상의 함수이기 때문입니다.

위의 【식 22】를 정리해 보겠습니다. 양변에 마이너스를 곱하고 두 번째 항을 우변으로 옮겨보겠습니다.

$$mVe^{\frac{B}{m}t}=-C+\frac{m^2g}{B}e^{\frac{B}{m}t}$$

이제는 좌변에 V만 남도록 하고 나머지 부분은 우측으로 보내겠습니다.

$$V=-\frac{C}{m}e^{-\frac{B}{m}t}+\frac{m^2g}{mB}$$

우측의 분자 분모의 m을 약분하고, 우변의 두 항의 위치를 바꾸어 보겠습니다.

$$V(t) = \frac{mg}{B} - \frac{C}{m}e^{-\frac{B}{m}t} \quad 【식 23】$$

위의 【식 23】이 바로 미분방정식 풀이를 통해 구해낸 $V(t)$함수입니다.

중력 효과에 의한 미세먼지 기초 미분방정식 풀이 3

위의 미분방정식 풀이를 통해 $V(t)$함수를 구해낼 수 있었습니다. 또한 미분방정식 풀이 【식 23】에서는 임의의 상수 C가 있었습니다.

그러나, 수학의 세계가 아닌 현실 세계에서는 임의의 상수 C라는 것이 존재할 수 없습니다. 임의의 상수 C는 수학적 세계에서 존재하는 상수입니다. 따라서, 임의의 상수가 들어가 있는 함수는 실제 현실에서의 함수라고 평가하기 어렸습니다.

미세먼지가 중력에 의해 침강하기 시작하는 시점의 초기조건(initial condition)을 활용하여 임의의 상수 C를 고정하면, 미세먼지 한 개에 대한 완전한(임의의 상수가 없는) 속도함수 $V(t)$를 구할 수 있습니다.

$$t = 0$$

일 때의 미세먼지의 속도를 중력방향으로 V_0라고 가정합니다.

$V(t) = V(0) = V_0$

$t = 0$

조건을 위 【식 23】에 대입하여 비교합니다.

$$V(t) = \frac{mg}{B} - \frac{C}{m}e^{-\frac{B}{m}t} \quad 【식 23】$$

$$V(t) = V_0 = V(0) = \frac{mg}{B} - \frac{C}{m}$$

이므로, 즉 다음과 같습니다.

$$\frac{mg}{B} - \frac{C}{m} = V_0$$

$$\frac{C}{m} = \frac{mg}{B} - V_0$$

여기서 임의의 상수(arbitrary constant) C를 구할 수 있습니다.

$$C = m(\frac{mg}{B} - V_0)$$

위와 같이 C가 계산됩니다.

이제 임의의 상수가 결정되었으니, 원래 【식 23】에 대입해 보겠습니다.

$$V(t) = \frac{mg}{B} - \frac{C}{m}e^{-\frac{B}{m}t} = \frac{mg}{B} - \frac{1}{m}e^{-\frac{B}{m}t}C$$

$$= \frac{mg}{B} - \frac{1}{m} e^{-\frac{B}{m}t} \times m(\frac{mg}{B} - V_0)$$

위 식을 정리하면 $V(t)$식이 다음과 같이 표현됩니다.

$$V(t) = \frac{mg}{B} - e^{-\frac{B}{m}t} \times (\frac{mg}{B} - V_0)$$

여기서 B를 치환하기 전, 원래의 값으로 다시 대입해 보겠습니다.

$$3\pi\mu d = B$$

그러면 다음과 같은 식이 됩니다. 이 식은 V_0라는 중력방향 초기속도로, 중력방향으로 움직이는 미세먼지의 속도를 나타내는 함수입니다.

$$V(t) = \frac{mg}{3\pi\mu d} - e^{-\frac{3\pi\mu d}{m}t} \times (\frac{mg}{3\pi\mu d} - V_0) \quad \text{【식24】}$$

중력 효과에 의한 미세먼지 기초 미분방정식 풀이 4

$$V(t) = \frac{mg}{3\pi\mu d} - e^{-\frac{3\pi\mu d}{m}t} \times \left(\frac{mg}{3\pi\mu d} - V_0\right) \quad 【식24】$$

위 식을 다양한 각도로 해석해 보기 위하여, 새로운 변수를 도입하겠습니다.

여기서 시간(time) 차원(dimension)을 나타내는 새로운 변수 타우(τ)를 도입해 보겠습니다.

$$\tau = \frac{m}{3\pi\mu d}$$

위의 식을 통해 새롭게 도입된 타우에 대하여 보다 상세히 정리해 보겠습니다.

질량 m을 입자가 구형(sphere)이라고 가정하고, 계산해 보도록 하겠습니다. d는 입자의 직경(diameter)이고, ρ_p는 입자의 밀도(density)입니다.

$$m = \frac{4\pi}{3}\left(\frac{d}{2}\right)^3\rho_p$$

그러면,

$$\tau = \frac{m}{3\pi\mu d} = \frac{1}{3\pi\mu d}\frac{4\pi}{3}(\frac{d}{2})^3\rho_p = \frac{d^2\rho_p}{18\mu}$$

이 됩니다.

참고로 점성도(viscosity)의 차원(dimension)을 구해 보도록 하겠습니다.

점성도의 정의(definition)상

$$\mu\frac{du}{dy} = shearstress$$

에서 u는 유체의 속도, y는 유체속도 차이가 발생하는 거리이므로, 차원해석(dimensional analysis)을 하면

$$\mu(\frac{m/s}{m}) = N/m^2$$

이 됩니다. 차원해석을 더 계산해 보도록 하겠습니다.

$$\mu = Ns/m^2 = \frac{kgm/s^2 \times s}{m^2} - \frac{kg}{ms}$$

이 됩니다.

이를 이용하면, 왜 새롭게 도입한 타우가 시간(time) 차원인지를 바로 구할 수 있습니다.

타우의 차원을 구해 보도록 하겠습니다.

$$\tau = \frac{d^2 \rho_p}{18\mu} = \frac{m^2 kg/m^3}{\frac{kg}{ms}} = s$$

위의 계산에서 타우의 차원이 시간(second)임을 확인하였습니다. 시간 차원(dimension)을 나타내는 새로운 변수 타우(τ)를 이용해 $V(t)$ 식인 【식 24】를 다시 써 보면 다음과 같습니다.

$$V(t) = \tau g - (\tau g - V_0) \times e^{-\frac{t}{\tau}}$$

중력 효과에 의한 미세먼지 기초 미분방정식 풀이 5

위의 미분방정식 풀이에서 $V(t)$함수를 구해낼 수 있었는데, 여기서 t가 무한대가 되었을 때의 속도값을 계산해 보겠습니다.

$V(t)$식은 다음과 같이 표현될 수 있습니다.

$$V(t) = \frac{mg}{3\pi\mu d} - e^{-\frac{3\pi\mu d}{m}t} \times \left(\frac{mg}{3\pi\mu d} - V_0\right) \quad 【식 24】$$

또는

$$V(t) = \tau g - (\tau g - V_0) \times e^{-\frac{t}{\tau}} \quad 【식 25】$$

입니다.

$$V(t) = \frac{mg}{3\pi\mu d} - e^{-\frac{3\pi\mu d}{m}t} \times \left(\frac{mg}{3\pi\mu d} - V_0\right)$$

에서, $t \rightarrow \infty$이 되면,

$$V(t) = \frac{mg}{3\pi\mu d} - 0 \times (\frac{mg}{3\pi\mu d} - V_0) = \frac{mg}{3\pi\mu d} = \tau g = \frac{d^2 \rho_p}{18\mu} g$$

【식 26】

로 표현됩니다.

이를 중력침강에 의한 미세입자의 터미널 속도(terminal velocity)라고도 합니다. 이 값의 실제적 의미를 생각해 보겠습니다. 미세먼지가 중력에 의하여 지구 중심 방향으로 하강합니다. 공기저항력이 없다면 계속 가속되어 속력이 점점 증가할 것입니다.

그러나, 공기저항력 때문에 시간이 흘러가면서 아무리 가속되더라도 일정한 값 이상으로는 속력이 증가되지 않는다는 것을 위 식에서 확인할 수 있습니다. 즉, 미세먼지가 지상으로 하강할 때는 그 하강속력에 한계(limit)가 있다는 뜻입니다. 그리고, 그 한계의 값은 【식 26】과 같이 표현할 수 있습니다.

또한 【식 24】와 【식 25】를 살펴보면, 시간이 흘러가면서, 초기속도 V_0의 영향력이 급속히 사라지는 것을 식의 관찰을 통해 유추할 수 있습니다. 이는 미세먼지 실험을 해보면 실감할 수 있는 부분이기도 합니다.

중력에 따른 미세먼지 터미널 속도 계산값 예시

터미널 속도(terminal velocity)식을 활용해 수치값을 직접 계산해 보겠습니다.

$$V(\infty) = \frac{d^2 \rho_p}{18\mu} g$$

직경이 1마이크로미터, 밀도를 1,000kg/m^3, 중력가속도를 9.8m/s^2으로 하고, 공기(air)의 점성값(viscosity)을 184.6×10^{-7}Ns/m^2으로 하겠습니다.

그러면, $V(\infty)$는 2.95×10^{-5}m/s 값이 됩니다.

즉, 물과 같은 밀도(=1,000kg/m^3)를 가지는 1마이크로미터 직경(diameter)의 구형(sphere)의 미세먼지는 1m를 중력에 의해서 하강하는 데 9.4시간이 걸린다는 말입니다. 1m 하강하는 데 9.4시간이라는 것은 대단히 오랜 시간 공기 중에 떠 있을 수 있다는 뜻입니다. 왜냐하면, 공기는 계속 이동하기 때문에 9.4시간(hour)이라는 시간(time) 동안, 미세먼지가 공기 흐름의 영향을 받아서 다시 더 상층부로 이동할 수도 있기 때문입니다.

이번에는 같은 조건에서, 직경이 10마이크로미터인 입자의 경우를 계산해 보겠습니다.

$V(\infty)$값이 2.95×10^{-3}m/s 값이 됩니다. 즉 1m를 중력에 의해 하강하는 데, 5.6분 정도 걸린다는 말입니다. 이 정도면 공기 중에 떠 있긴 하지만, 시간이 꽤 지나면 땅바닥으로 가라앉아서 땅의 일부가 될 수도 있겠다고 생각할 수 있을 것입니다.

이번에는 같은 조건에서, 직경이 100마이크로미터인 입자의 경우를 계산해 보겠습니다.

$V(\infty)$값이 2.95×10^{-1}m/s 값이 됩니다. 즉, 1m를 중력에 의해 하강하는 데 3.4초 정도 걸린다는 말입니다. 이 정도면 공기 중에 떠 있긴 하지만, 짧은 시간이 지나면 땅바닥으로 가라앉아서 땅의 일부가 됩니다. 다만, 공기의 흐름이 강하면 공기체류시간이 길어질 수 있습니다.

위 식의 정확도와 한계는 고급이론 부분에서 보다 상세히 설명하겠습니다. 지금까지 미세먼지 기초미분방정식을 풀었고, 그 풀이를 설명했습니다.

필터섬유(filter fiber)들이 조밀하게 모여 있는 모습

4

미세먼지 미분방정식 3
응용

정지거리

미세먼지 입자가 일시적인 힘(force)을 받으면 가속도(acceleration)에 의해서 속도(velocity)가 달라집니다. 하지만, 미세먼지의 경우, 일시적인 힘이 사라지면, 공기저항력의 영향 때문에, 결국 가속도의 효과가 사라지고, 그 이후에는 속도가 일정하게 됩니다.

가속도의 효과가 사라지기까지, 즉 입자에 미치는 힘에 의한 변화가 최종적으로 안착되기까지 걸리는 거리를 정지거리(stopping distance)라고 합니다.

이 개념을 조금 다른 경우에 적용해 보면, 일정한 초기속도(initial velocity)로 수평방향으로 출발한 입자가 있을 때, 이 입자는 공기저항력의 영향을 받아서 멈추게 되는데, 여기서 정지할 때까지 이동한 거리를 해당 입자의 정지거리라고 말할 수 있습니다.

정지거리의 개념은 에어로졸 제어기술에서 가장 중요한 개념입니다. 에어로졸은 근본적으로 유체를 따라 이동하는데, 외부 힘을 받을 때에는 그 유체의 흐름에서 벗어나(deviate) 외부 힘에 따라 움직이게 됩니다. 이때, 어떤 순간적인 힘이 영향을 주어 에어로졸을 유체의 흐름과 다르게 이동시킬 수 있는 거리를 정지거리라고 해석할 수 있습니다. 입자의 거리 식에서 익스포넨셜항이 말해주는 거리라고도 생각할 수 있습니다.

현실적으로는 외부 힘의 영향이 사라지는, 입자최종속도의 95% 정도로 갈 때까지 입자가 지나간 거리를 통상 정지거리(stopping distance)라고 합니다.

이 정지거리를 미분방정식을 활용하여 구해 보도록 하겠습니다.

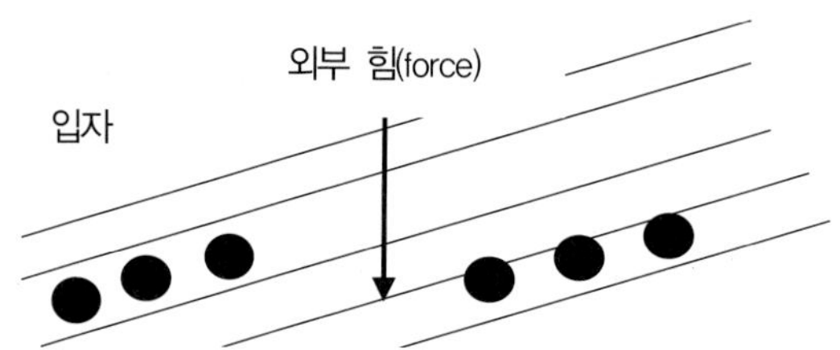

정지거리 개념

정지거리 미분방정식 계산

외부 자극에 의해 입자가 가지게 되는 초기속도(initial velocity)를 V_0 라고 하겠습니다. 외부 자극이 사라진 후, 입자에 미치는 힘(force) 즉, 남은 힘은 공기저항력 외에는 없다고 가정하겠습니다. 그러면 입자거동은 다음과 같은 미분방정식으로 표현됩니다.

$$m\frac{dV}{dt} = -3\pi\mu Vd = -BV$$ 【식 27】

여기서 $3\pi\mu d = B$로 치환하였습니다.

위의 미분방정식 【식 27】을 변수분리(separation of variable) 방법으로 풀어보도록 하겠습니다.

V가 포함된 항을 좌변에, 상수와 t 부분을 우변에 정리해 보도록 하겠습니다.

$$\int \frac{dV}{V} = \int -\frac{B}{m}dt$$

적분을 수행하면 다음과 같이 표현됩니다.

$$\ln(V) = -\frac{B}{m}t + C$$

여기서 C는 적분상수입니다. 적분상수는 별도의 조건이 없으면 임의의(arbitrary) 상수입니다.

양변에 익스포넨셜을 취해보도록 하겠습니다. 즉, 양변을 지수함수의 지수로 올려보도록 하겠습니다.

$$V = e^{c} e^{-\frac{B}{m}t}$$

위의 식을 통해 $V(t)$함수의 형태가 구해집니다.

이제 초기조건(initial condition)을 이용하여 적분상수를 고정해 보도록 하겠습니다.

$t = 0$일 때, V_0를 대입하도록 하겠습니다. 그러면, 적분상수 C가 바로 구해집니다. 아예 익스포넨셜 c를 한번에 구해도 됩니다.

$$V = V_0 e^{-\frac{B}{m}t} \quad 【식 28】$$

미분방정식의 해(solution)이자 속도함수(velocity function)가 위의【식 28】과 같이 표현됩니다.

이제 속도함수를 변위(displacement)함수 $x(t)$로 바꾸어 계산해 보겠습니다.

$$\frac{dx}{dt} = V = V_0 e^{-\frac{B}{m}t}$$

여기서 변위함수 $x(t)$를 찾기 위해서 위 식을 적분해 보도록 하겠습니다.

$$x = \int V_0 e^{-\frac{B}{m}t} dt$$

위 식을 적분한 결과를 표현해 보겠습니다.

$$x = -\frac{mV_0}{B} e^{-\frac{B}{m}t} + C \quad \text{【식29】}$$

새로운 적분상수 C를 이용해서 변위함수 $x(t)$를 위의【식 29】와 같이 표현할 수 있었습니다.

여기서, 초기$(t=0)$에서의 변위 x를 0으로 가정하겠습니다. 즉 0위치에서 입자에어로졸이 출발한다고 가정하겠습니다. 그러면 다음 식과 같이 정리됩니다.

$$x(0) = 0 = -\frac{mV_0}{B} e^{-\frac{B}{m}0} + C = -\frac{mV_0}{B} + C \quad \text{【식30】}$$

위【식 30】에서 적분상수 C를 구할 수 있습니다.

$$C = \frac{mV_0}{B}$$

이제, 적분상수 C를 구했으므로, 구한 값을 대입하여 변위함수 $x(t)$를 구합니다.

$$x = -\frac{mV_0}{B}e^{-\frac{B}{m}t} + \frac{mV_0}{B} = -\frac{mV_0}{B}(e^{-\frac{B}{m}t} - 1)$$

$$x = \frac{mV_0}{B}(1 - e^{-\frac{B}{m}t}) \quad 【식\,31】$$

【식 31】의 의미는 〔외부 자극에 의해 입자가 가지게 되는 초기속도(initial velocity)가 V_0이고, 외부 자극이 사라진 다음에 입자에 미치는 힘(force)은 공기저항력 외에는 없고, 초기$(t=0)$에서의 변위 x를 0으로 가정한 상태에서〕, 입자의 변위를 시간(time)에 따라 수학적으로 계산해낸 것입니다.

여기서 m과 B를 보다 상세히 풀어보도록 하겠습니다.

질량 m은 입자가 구형(sphere)이라고 가정하고, 계산해 보도록 하겠습니다. d는 입자의 직경(diameter)이고, ρ_p는 입자의 밀도(density)입니다.

$$m = \frac{4\pi}{3}(\frac{d}{2})^3\rho_p$$

그리고 $B = 3\pi\mu d$로 바꾸어 보면, 다음과 같이 표현됩니다.

$$\frac{m}{B} = \frac{m}{3\pi\mu d} = \frac{\frac{4\pi}{3}(\frac{d}{2})^3\rho_p}{3\pi\mu d} = \frac{d^2\rho_p}{18\mu} \quad 【식\,32】$$

【식 32】를 위의 【식 31】에 대입해 보도록 하겠습니다.

$$x(t) = \frac{mV_0}{B}(1-e^{-\frac{B}{m}t})$$

그러면 다음의 식과 같이 표현됩니다.

$$x(t) = \frac{d^2\rho_p}{18\mu}V_0(1-e^{-\frac{18\mu}{d^2\rho_p}t})$$

여기서 편의상 시간(time) 차원(dimension)의 타우(τ)를 도입해 보겠습니다. 이는 【식 24】에서도 잠시 사용했었습니다.

$$\tau = \frac{m}{3\pi\mu d} = \frac{1}{3\pi\mu d}\frac{4\pi}{3}(\frac{d}{2})^3\rho_p = \frac{d^2\rho_p}{18\mu} \quad 【식 33】$$

위에서 정의(definition)한 타우를 $x(t)$식에 도입해 보겠습니다.

$$x(t) = \tau V_0(1-e^{-\frac{t}{\tau}}) \quad 【식 34】$$

그리고, 【식 34】에서 t를 무한대로 보낸 상태에서의 $x(t)$의 변화를 보겠습니다.

$t \to \infty$이 되면,

$$x(\infty) = \tau V_0 = \frac{d^2\rho_p}{18\mu}V_0 = \frac{m}{3\pi\mu d}V_0 \quad 【식 34】$$

로 표현됩니다.

위의【식 34】의 의미를 해석해 보겠습니다. 외부의 힘에 의해서 초기속도 V_0로 출발한 미세먼지는 외부 힘이 사라지고 난 후에, 남은 공기의 저항에 의해 일정 거리를 이동한 후 멈추게 됩니다. 초기속도를 가진 미세먼지가 공기저항을 이기고 이동할 수 있는 최대거리는 바로 다음의 값이 됩니다.

$$x = \tau V_0 = \frac{d^2 \rho_p}{18\mu} V_0 = \frac{m}{3\pi\mu d} V_0$$ 【식 34-1】

t가 무한대로 흐를 때까지 이동한 거리이므로, 최대거리라고 말할 수 있습니다.

위의【식 34-1】은 다음과 같이 해석될 수도 있습니다.

즉, 일시적인 "외부의 힘(force)이 커서 입자의 초기속도 V_0가 크면, 공기저항력에 의해서 정지하기까지 미세먼지가 더 많이 이동하게 된다."고 생각할 수도 있는 것입니다.

또한, 위 식을 보면, 미세먼지의 질량 m이 크면 더 많이 이동한다는 것을 알 수 있습니다. 그리고 입자의 직경 d가 크면, 초기속도에 의해서 더 많이 이동한다는 것도 알 수 있습니다.

반면에, 유체(공기)의 점성도(viscosity) μ가 크면, 입자에어로졸이 적게 이동하게 되는 것을 확인할 수 있습니다.

지금까지 고려한 정지거리의 개념은 입자에어로졸이 초기속도 V_0로 출발하여 결국 정지하는 경우를 가정해서, 미분방정식을 풀이한 것입니다.

그러나, 이 개념은 더 확장될 수 있습니다. 가령 공기와 함께 가던 입자가 있었는데, 공기의 방향이 갑자기 바뀐 경우를 생각해 보겠습니다. 유체를 따라서 유체와 함께 가던 입자가 유체의 방향이 갑자기 바뀌었을 때, 입자는 원래 가던 방향으로 어느 정도 가다가 정지하고 바뀐 공기 방향대로 방향을 바꾸어 이동하게 됩니다. 이때, 원래 가던 방향으로 얼마의 거리를 더 이동하는가를 나타낼 때, 정지거리 개념을 활용할 수 있습니다.

다시 설명하면, 일종의 입자의 관성에 의한 이동거리라고 해석할 수도 있습니다.

이 정지거리를 이용해서 입자에어로졸을 제어하는 기술들이 계속 개발되고 있습니다.

스톡스수 정지거리를 활용한 제어의 기본 (임팩터)

미세먼지를 물리적으로(physically) 제어하기 위해서는 유체 유동의 변화를 이용하든가 아니면 입자에 외부적인 힘(force), 이를테면 전기장(electric field)을 활용해야 합니다. 경우에 따라서는 미세먼지의 화학적(chemical) · 생물학적(biological) 제어를 목표로 하기도 하는데, 이를 위해서는 자외선이나 온도 변화를 활용하기도 합니다.

그러나, 통상 화학적 · 생물학적 제어는 물리적 제어를 지나서 그다음의 단계에서나 생각하는 것들입니다. 일단 물리적 제어가 기본입니다.

미세먼지의 물리적 제어에 있어서 가장 많이 활용되는 원리는 유체유동의 변화를 이용하는 것입니다. 그 대표적인 것으로 임팩터(impactor)와 필터(filter)가 있습니다. 임팩터는 유체유동만을 활용하며, 필터는 유체유동 변화 외에 전기력이 부가되기도 합니다.

우선 임팩터를 이해하는 것이 좋습니다. 따라서 임팩터의 원리를 설명하면 다음과 같습니다.

공기유동을 만듭니다. 그리고, 공기유동의 방향을 변화시킵니다. 공기유동의 방향을 꺾어주었을 때, 공기 분자와 다르게, 미세먼지는 자체의 관성 때문에 공기유동을 완전히 따라가지 못합니다. 따라서, 정지거리의 효과로 어느 정도 원래 방향대로 미세먼지가 이동한 후, 다시 공기유동을 따라가게 됩니다. 이때 미세먼지가 가지는 일종의 관성(inertia) 때문에, 정지거리 정도를 이동하는데, 이 특성을 이용해서 입자를 분리 제거 내지는 부착시키는 장비 일체를 임팩터라고 말합니다.

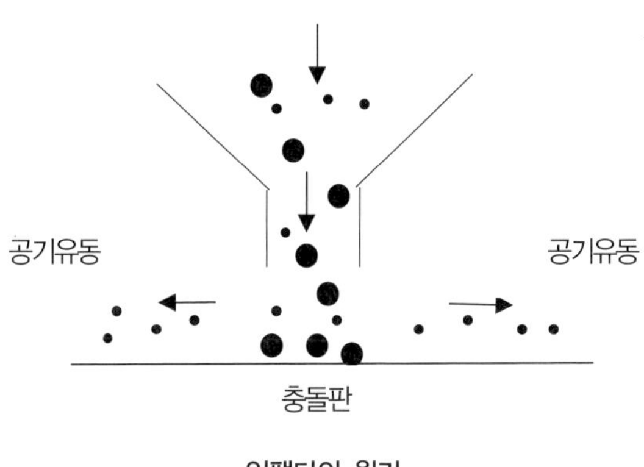

임팩터의 원리

다시 설명하면, 위의 그림에서 관성이 작은 입자는 공기 분자(공기유동)를 따라가고, 반면에 관성이 큰 입자는 공기 분자를 따라가지 못하고 충돌판에 충돌하여 부착되는데, 이를 활용한 것이 임팩터인 것입니다.

보다 상세히 설명하면, 정지거리가 긴, 즉 입자의 질량이 크거나 직경이 큰 경우는 공기유동 변화에 바로 따라가지 못하고, 원래 가던 방향에서 정지거리만큼 간 다음에야 비로소 달라진 공기유동을 따라가게 되는데, 하지만 정지거리만큼 이동하는 사이에 충돌판(impaction plate)을 만나게 되면, 여기에 충돌하여 집진되는 것입니다. 즉, 일정 크기 이상의 입자는 충돌판과 충돌하여 부착되어서 공기 중에서는 사라지게 된다는 말입니다.

여기서 스톡스수(Stokes number)라는 매우 유용한 무차원수(non-dimensional number)를 정의하게 됩니다.

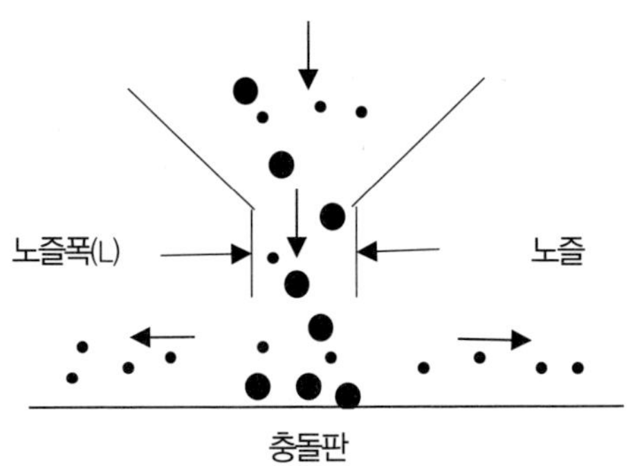

임팩터와 스톡스수

그림에서 보면, 공기유동의 형태가 급격히 변화하는 부분이 노즐폭의 1/2 정도 거리가 됩니다. 노즐폭을 L이라고 하면, 스톡스수는

$$Stk = \text{stopping distance} \;/\; (L/2)$$

로 정의합니다.

정지거리(stopping distance) 식을 활용하면,

$$Stk = \frac{(\frac{d^2 \rho_p}{18\mu} V_0)}{\frac{L}{2}} = \frac{(\frac{m}{3\pi\mu d} V_0)}{\frac{L}{2}}$$

이 됩니다. 이 식을 스톡스수라고 부릅니다.

다시 쓰면,

$$Stk = \frac{d^2 \rho_p}{9\mu L} V_0 = \frac{2m}{3\pi\mu d L} V_0$$

와 같이 표현됩니다.

실제로 임팩터(impactor)를 이용하여 실험을 해보면, 통상 스톡스수(stokes number)가 0.71 정도 이상이 되면, 미세입자가 충돌판에 충돌하여 제어되는 경향을 보이며, 스톡스수 값이 작은 경우는 미세입자가 유동과 함께 그대로 흘러나가게 됩니다.

다시 설명하면 스톡스수가 크다는 말은 정지거리가 크다는 말로서, 정지하는 데 거리가 많이 필요하므로 계속 가다가 충돌판에 충돌하여 집진이 된다는 말입니다. 반면에 스톡스수가 작다는 말은 정지거리가 작다는 말로서, 정지하는 데 거리가 많이 필요 없으므로 웬만큼 기준거리(L)가 짧지 않은 이상 공기유동과 함께 미세입자가 그대로 흘러나간다는 뜻입니다. 그래서, 해당 미세먼지는 집진이나 제어가 되지 않는 것입니다.

스톡스수를 활용하면, 임팩터의 설계변수 L과 초기속도 V_0,

그리고 제어되는 입자의 직경 d 사이의 관계를 알 수 있게 되며, 이를 활용하여 임팩터를 설계 및 제작할 수 있게 됩니다.

예를 들면, 스톡스수(stokes number)가 0.71 이상이어야 입자가 충돌판에 충돌한다고 가정하면, 초기속도 V_0가 클수록, 더 작은 입자도 충돌판에 충돌시킬 수 있으며, 임팩터의 설계변수 L이 작을수록 마찬가지로, 더 작은 입자도 충돌판에 충돌시킬 수 있습니다.

이를 이용하여 임팩터를 개발하고 활용합니다. 설계변수가 각각 다른 임팩터를 연속으로 활용할 경우, 보다 상세하게 미세입자들을 분류할 수도 있습니다.

5

미세먼지와 전염병

미세먼지 제어: 필터와 필터링

필터링은 미세먼지 산업 분야에서 가장 대중적으로 사용되는 미세먼지 제어 방법입니다. 미세먼지를 제어하기 위한 기법에는 입자의 관성(inertia)을 이용한 임팩터(impactor) 방법, 전기적 하전(charging)을 이용하여 미세먼지를 잡는 전기집진(electrostatic precipitation) 방법, 필터를 활용한 필터링(filtering) 방법이 있습니다. 이 중에서는 필터링 방법이 가장 대중적이고 잘 알려져 있습니다.

일반적인 미세먼지 필터는 크게 세 가지의 원리에 의해서 작동됩니다. 필터를 들여다보면 필터섬유(filter fiber)라는 것으로 구성되어 있는데, 이 개별적인 필터섬유와 미세먼지의 상호작용에 의해서 미세먼지가 잡히고 제어됩니다.

필터섬유와 미세먼지의 상호작용은 크게 세 가지 원리로 설명되는데, 그것은 관성충돌(impactor), 부착(interception), 확산(diffusion)입니다. 이를 하나하나 설명해 보겠습니다.

공기가 필터섬유를 지나갈 때 유동(fluid flow)의 방향이 필터섬유에 의하여 변화를 받게 됩니다. 그 변화된 유동의 방향을 따라가지 못하고 관성(inertia)에 따라 정지거리(stopping distance)만큼 이동하는 미세먼지는 그 정지거리 내에 필터섬유가 있을 경우, 필터섬유에 그대로 충돌하여 달라붙게 됩니다. 이렇게 미세먼지를 제어하는 원리를 관성충돌이라고 합니다.

미세먼지가 유동의 방향을 따라 필터섬유를 스쳐 지나갈 수도 있는데, 이때 스치다가 필터표면과 달라붙을 수 있습니다. 이를 부착(interception)이라고 합니다.

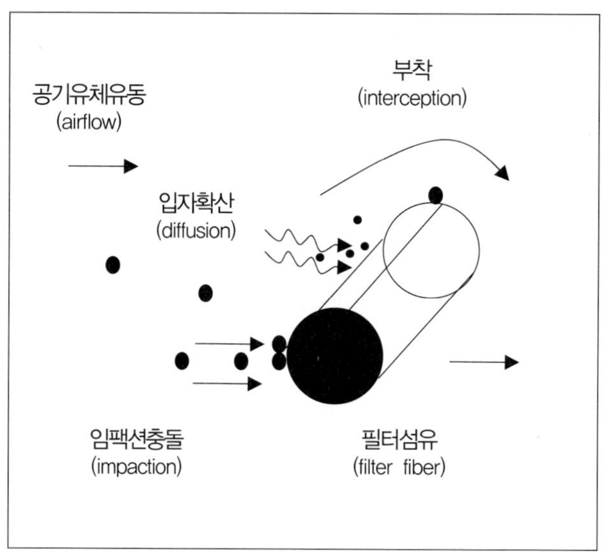

필터섬유의 집진활동에 대한 기본 원리

공기유동은 필터섬유층 사이를 통과할 때 필터섬유층과의 마찰로 인해 유속이 다소 감소할 수 있습니다. 공기의 유속이 감소된 상태에서는 미세먼지가 자발적으로 고농도에서 저농도로 이동하는 확산(diffusion)현상이 크게 나타나는데, 이는 주로 서브마이크로미터(submicrometer) 입자, 즉 1마이크로미터보다 직경이 작은 미세먼지들에서 나타납니다. 필터섬유층 내에서의 바로 이 확산에 의해서, 공기와 함께 이동하던 작은 미세먼지가 필터섬유에 달라붙어 그 농도가 감소할 수 있는데, 이를 통칭하여 확산집진이라고 부릅니다.

필터섬유와 미세먼지의 상호작용은 관성충돌(impactor), 부착(interception), 확산 이렇게 기본 세 가지가 있습니다.

이밖에 한 가지를 더 생각할 수 있습니다. 즉, 필터섬유에 전기적 하전(charging)이 있는 경우, 지나가는 미세입자를 전기력으로 필터섬유에 끌어올 수도 있습니다. 이를 전기하전에 의한 집진이라고 부릅니다. 전기적 하전은 필터의 미세입자를 제어하는 효율을 크게 증가시킬 수 있습니다.

필터는 이와 같은 원리를 기반으로 작동하게 됩니다.

바이오에어로졸의 정의

바이오에어로졸이란, 미세먼지 중에서 생물학적인 특성(biological origin)을 가지고 있는 입자를 말합니다. 바이오에어로졸(bioaerosol) 분야도 미세먼지 분야에서 한 부분을 차지하고 있습니다.

공학 전공자 중에서 미세먼지 에어로졸을 전공한 사람도 드물지만, 특히 바이오에어로졸을 전공한 사람은 극히 드뭅니다. 바이오에어로졸 분야를 연구하기 위해서는 유체역학, 에어로졸공학과 별도로 미생물학을 공부해야 합니다. 범위가 넓기 때문에 연구하기 어렵고, 전공자도 드뭅니다.

생각해 보면, 공기 중의 미세먼지 중에서 적지 않은 수가 바이오에어로졸입니다. 바이오에어로졸은 생물학적인 특성을 가지기 때문에 인체에 부착되거나 흡입되었을 때 건강에 빠른 속도로 직접적인 영향을 미칠 수 있습니다. 미세먼지 문제가 심각해질수록 바이오에어로졸 분야 전문가도 보다 많이 필요한 상태입니다. 특히 공학 중에서 열유체동역학 기반의 지식이 있어야 실제적인 제품을 만들어 문제를 해결할 수 있으므로, 이 분야 전공자 중에서 바이오에어로졸에 관심 있는 전문가들이 필요합니다. 바이오에어로졸 대신에 바이오미세먼지, 바이오미세입자 등의 단어를 사용하기도 합니다.

다음 장부터 바이오에어로졸에 대한 여러 가지 특성들을 하나씩 살펴보도록 하겠습니다.

바이오에어로졸의 종류

바이오에어로졸의 종류에 대해서 살펴보겠습니다. 생물학적인 특성을 갖는 입자로서의 바이오에어로졸은 그 생물학적 특성에 따라 분류하는 경향이 있습니다. 여러 종류의 바이오에어로졸을 나열해 보겠습니다.

우선 세균(bacteria)이 미세먼지화되어 있는 세균 바이오에어로졸(bacterial bioaerosol)이 있습니다. 그리고 곰팡이(fungi)가 미세먼지화되어 있는 곰팡이 바이오에어로졸(fungal bioaerosol)이 있습니다. 또한, 바이러스가 미세먼지화되어 있는 바이러스 바이오에어로졸(virus bioaerosol)이 있습니다. 그 외에도 생물부스러기(biological fragment)가 미세먼지화되어 있는 생물부스러기 바이오에어로졸(biological fragment bioaerosol)이 있습니다.

이와 관련하여, 흥미로운 참고 사실을 통해 설명을 더 해보겠습니다. 겨울철의 경우에는 춥고 건조하기 때문에 보통 공기 중에는 미생물이 거의 없다고 생각됩니다. 그 상식을 실제 실험으로 확인한 연구가 있습니다.[1)]

실험 결과를 보니 놀랍게도 세균 바이오에어로졸은 겨울철 공기 중에 진짜로 거의 존재하지 않았습니다. 그러나, 더 놀라운 일은 곰팡이 바이오에어로졸이 겨울철인데도 공기 중에 상당량 존재했다는 사실입니다. 즉, 이 연구를 통해서 바이오에어로졸은 종류에 따라서 그 존재 특성이 매우 다르다는 것을 알 수 있었습니다. 이러한 결과는 다시 설명하면, 바이오에어로졸은 확실히 구분되는 다양한 종류가 있다는 논거의 기반이 되기도 합니다.

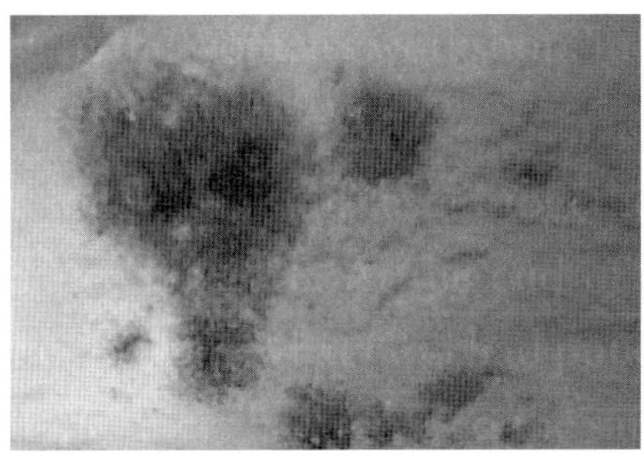

곰팡이가 벽면에 있는 모습: 곰팡이는 포자를 공기 중으로 날려 개체수를 증가시킵니다.

---

1) Lee, B.U. et al. (2016) *Concentration of culturable bioaerosols during winter, Journal of Aerosol Science* 2016: 94, 1-8.

바이오에어로졸과 인간의 상호관계

바이오에어로졸(bioaerosol)과 인간의 상호관계에 대해서 살펴보겠습니다. 바이오에어로졸은 인간과 어떤 상호관계가 있을까요?

특히 바이오에어로졸의 농도는 인간과 어떤 상호관계가 있을까요?

이 질문들은 상당한 의미를 갖는 연구주제입니다. 왜냐하면 바이오에어로졸이 인간의 건강에 미치는 영향이 직접적인 경우가 많기 때문입니다.

위의 질문들의 해답 중에서, 세균과 곰팡이 바이오에어로졸 부분을 밝힌 연구가 2017년 ≪유럽입자공학학술지(Journal of Aerosol Science)≫에 발표되었습니다. 그 내용을 살펴보겠습니다. 다양한 조건에서 실험을 해보고 그 결과를 보니, 인간은 주변의 세균 바이오에어로졸(bacterial bioaerosol)의 농도를 증가시키는 경향이 있다는 것이 발견되었습니다. 즉 인간의 수가 많아지면, 주변 공기 중의 세균 바이오에어로졸도 많아진다는 뜻입니다. 반면에, 인간은 주변의 곰팡이 바이오에어로졸(fungal bioaerosol)의 농도와는 크게 상관이 없다는 것이 또한 밝혀졌습니다. 즉, 인간의 수가 많아도, 주변 곰팡이 바이오에어로졸의 농도는 크게 변화하지 않는다는 말입니다.

세균 바이오에어로졸과 곰팡이 바이오에어로졸은 생태계에 미치는 효과가 대단히 다르므로, 이 각각의 농도가 인간과의 상호작용에 의해 영향을 받거나 받지 않는다는 것은 학술적으로 대단히 의미 있는 발견입니다.[2)]

위의 연구와 같은, 바이오에어로졸과 인간의 상호관계 연구는 여러 분야에 응용될 수 있으며, 다양한 변수를 활용하여 보다 더 수행될 필요가 있습니다.

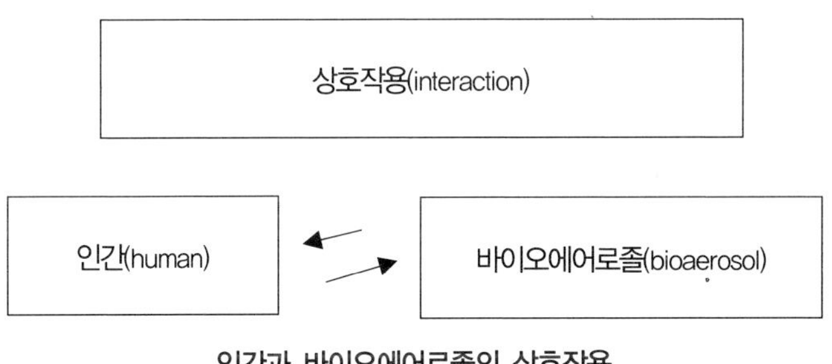

인간과 바이오에어로졸의 상호작용

---

2) Heo. K.J., Lim, C.E., Kim, H.B., Lee. B.U., (2017) Effects of Human Activities on Concentrations of Culturable Bioaerosols in Indoor Air Environments, *Journal of Aerosol Science* 2017: 104, 58-65.

바이오에어로졸 필터 연구의 중요성

바이오에어로졸 필터에 대해서 설명하겠습니다. 필터(filter)에는 많은 미세먼지들이 잡힙니다. 일반적인 미세먼지는 필터에 잡히면 부착된 상태 그대로 유지됩니다. 그래서, 필터를 주기적으로 교체하여, 예를 들면, 누적된 미세먼지로 인한 압력강하(pressure drop)와 같은 문제를 예방할 필요가 있습니다.

여기서 압력강하 문제 등에 대해서 잠시 설명해 보겠습니다. 필터에 미세먼지가 많이 붙어 있으면 미세먼지 자체가 공기 흐름에 방해를 주기 때문에 공기의 압력강하가 일어나고, 그러면 공기 흐름이 느려져서, 공기 흐름을 유지하기 위해 추가적인 에너지(extra energy)가 필요하게 됩니다. 이러한 문제를 해소하기 위해서, 필터 교체가 필요한 것입니다. 또한 필터에서 역류(reverse(back) flow)가 일어나면 부착된 미세먼지들이 다시 공기 중으로 퍼지는 일도 벌어질 수 있습니다. 그래서, 어쨌든 필터 교체가 필요합니다. 다만, 필터 역류는 공기 흐름을 유지하는 공기 압력을 조절하면 예방할 수 있으며, 이를 조절하는 것이 비교적 어렵지 않으므로 필터 역류가 흔한 일은 아닙니다. 여기서 이 정도로 압력강하 문제와 필터 역류에 대한 짧은 설명을 마치고, 다시 바이오에어로졸(bioaerosol) 필터 이야기로 돌아가겠습니다.

필터의 연구 또는 필터의 사용에서 어려운 일은 필터에 붙은 많은 미세먼지 중에 바이오에어로졸이 포함된 경우입니다. 이 경우 바이오에어로졸은 필터를 지나는 수분(moisture)과 미세먼지 속의 양분(nutrient)을 이용하여, 그 내부에서 번식(growth)을 할 수 있습니다. 그렇게 되면 필터에 부착된 바이오에어로졸은 추가적인 후손(offspring)을 공기 중으로 퍼뜨릴 수 있습니다. 예를 들면 세균(bacteria)이 자라서 다른 세균들을 공기 중에 퍼뜨릴 수 있고, 곰팡이(fungi)는 자라서 자신의 포자(spore)를 공기 중으로 퍼뜨릴 수 있습니다. 즉 필터 자체가 미생물을 공기 중으로 퍼뜨리는 오염원으로 작동할 수 있다는 말입니다. 따라서, 필터 위에서 자라는 미생물을 막기 위한 연구가 대단히 중요합니다.

그러나 이러한 중요성에 비하여, 지금까지 명확한 해결책이 연구·개발되어 있지 않습니다. 그 해결책을 제시하는 것이 바이오에어로졸 전문가들의 과제입니다.

지금까지 시도된 사항 등을 정리해 보면 다음과 같습니다.

첫째, 필터 소재에 항균물질을 발라서 필터를 제작하는 방법이 있습니다. 이것은 현재 가장 많이 이용되고 있는 방법입니다. 그러나, 이 방법은 어느 정도 한계가 있을 수 있습니다. 그 필터 표면을 미세먼지들이 한 겹 덮는 순간 그 항균물질의 효과에 제한이 있을 수 있습니다. 그리고, 필터실험을 해보면 알지만, 공기필터 위의 미세먼지는 한 겹이 아니라 수많은 층을 이루며 쌓입니다.

다른 이야기지만, 여기서 어느 정도 쌓인 미세먼지층은 필터섬유와 함께 미세먼지들을 잡아주는 역할을 하므로 무조건 나쁘다고 할 수도 없습니다. 그러나 아주 많으면 앞에서 말한 압력강하 등의 문제가 발생하기도 합니다. 어쨌든, 필터섬유 자체를 항균물질로 덮는 것은 다른 미세먼지들이 그 위에 층을 이루어 덮는 경우, 항균 효과가 제한됩니다. 즉, 항균의 유지 기간이 다른 미세먼지들이 항균층을 덮기 전까지이므로, 그 기간이 짧을 가능성도 있으니 연구가 필요한 부분입니다.

둘째, 항균물질을 단순히 필터섬유에 바르는 것이 아니라 3차원적 구조체를 이루며 쌓아서, 미세먼지 중의 바이오에어로졸들이 이 구조체에 접촉할 가능성을 높이는 방법이 있습니다. 3차원 구조체를 만들기 위해 단극이온(unipolar ion)을 활용하기도 합니다.[3]

셋째, 미세먼지가 붙어 있는 필터에 추가적인 항균물질을 살포하는 방법이 있습니다. 예를 들면, 은나노 입자 같은 것을 필터 위에 주기적으로 살포해서 필터 위에서 사는 바이오에어로졸을 살균하는 방식입니다. 그런데, 이러한 방법은 살포하는 물질이 다시 공기 중으로 유출되는 경우에 추가적인 오염문제를 발생시킬 수 있는 가능성도 있고, 해당 항균물질을 일회성 필터에 자주

---

3) Lee, D.H., Jung, J.H., Lee, B.U., (2013) Effect of treatment with a natural extract of Mukdenia rossii (Oliv) Koidz and unipolar ion emission on the antibacterial performance of air filters, *Aerosol and Air Quality Research* 2013: 13, 771-776.

살포하기는 번거롭다는 측면의 가능성도 있을 수 있어서, 역시 연구가 필요한 부분입니다.

이런 세 가지 방법 외에, 필터를 사용하는 주변에 자외선을 조사(irradiation)하여 필터에 붙어 있는 미세먼지를 모두 살균하자는 아이디어도 있습니다. 그러나 이 정도의 살균용 자외선을 사용하면, 자외선 조사에서 촉발된 산소분자 분열 및 결합에 의한 오존(ozone) 발생 가능성도 있어서, 이 역시 연구가 필요한 부분입니다.

필터 위에서 자라는 미생물을 막기 위한 연구는 현재도 활발히 연구되고 있으며, 아직 결론이 명확히 나지 않은 분야라고 말할 수 있습니다. 따라서 많은 연구가 필요합니다.

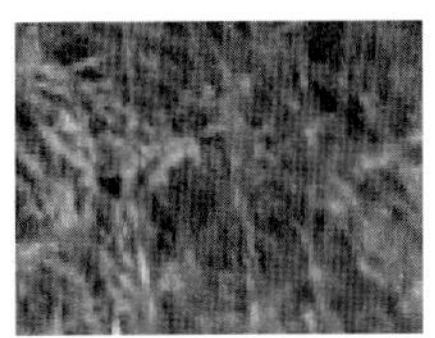

필터 섬유들의 상세한 모습

코로나바이러스 에어로졸 전파이론 1

코로나바이러스(coronavirus, CoV)는 에어로졸 형태로도 전파되는데, 그 이론적 배경을 쉽게 설명한 것이 리의 이론(Lee's theory)입니다.[4) 5)] 이 이론은 코로나바이러스뿐만이 아니라 전염성과 감염성이 있는 미생물에도 적용될 수 있는 일반적 이론입니다.

그 이론에 대해서 다양한 각도로 분석을 시작해 보겠습니다.

---

4) Lee, B.U. (2020). Minimum sizes of respiratory particles carrying SARS-CoV-2 and the possibility of aerosol generation, *International Journal of Environmental Research and Public Health* 2020: 17, 6960. https://doi.org/10.3390/ijerph 17196960

5) Lee, B.U. (2021). Why Does the SARS-CoV-2 Delta VOC Spread So Rapidly? Universal Conditions for the Rapid Spread of Respiratory Viruses, Minimum Viral Loads for Viral Aerosol Generation, Effects of Vaccination on Viral Aerosol Generation, and Viral Aerosol Clouds, *International Journal of Environmental Research and Public Health* 2021, 18, 9804.

바이러스에 대한 기초 이해

먼저 바이러스(virus)에 대한 기초 이해가 필요합니다. 바이러스는 생물과 무생물의 중간이라고 말할 수 있습니다. 숙주(host) 안에 있을 때는 생명활동을 하지만, 숙주 밖에 나오면 무생물과 다름없습니다. 코로나바이러스처럼 박쥐(bat)나 인간을 숙주로 삼는 바이러스는 박쥐나 인간의 신체 내부로 들어가서는 생명활동을 하지만, 그 밖으로 나오면 아무런 생명활동을 하지 못합니다. 다시 말해서, 바이러스는 생물과 무생물의 중간이라고 할 수 있습니다.

바이러스에 대한 기초 설명을 계속해 보겠습니다. 예를 들면, 한 개의 바이러스를 상상해 보겠습니다. 이 바이러스가 인간의 호흡기에 들어가서, 낮은 확률을 뚫고 가까스로 인간의 호흡기 세포에 부착되었습니다. 이 바이러스는 인간의 세포기관들을 이용하여 자신의 자녀(offspring), 즉 후손들을 만듭니다. 그러면서 인간의 여러 기관들을 공격합니다. 이 공격에 의해 인간의 자기방어 면역시스템(immune system)이 무너진다면, 그 인간은 질병을 겪게 되고 심하면 사망에 이릅니다. 그런데, 사망에 이르게 되면, 신체에 들어와 있던 바이러스와 그의 후손들도 함께 사라집니다. 더 이상 바이러스는 전파되지 않습니다.

따라서, 인간이 죽기 전에, 또는 면역시스템에 의해서 바이러스가 완전히 사라지기 전에, 바이러스는 다른 인간으로 옮겨가야 합니다. 그래야 바이러스가 계속 생존할 수 있습니다.

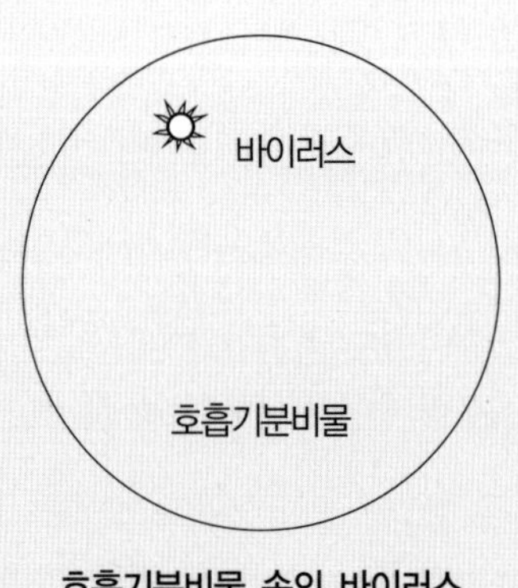

호흡기분비물 속의 바이러스

인간을 벗어나 인간과 인간 사이를 이동 중인 바이러스는 생명활동을 하지 못합니다. 일종의 무생물 물체처럼 거동합니다.

그러나, 바이러스는 계속 생존하려고 합니다. 그것이 생명체의 본능입니다. 다시 인간세포에 들어가서 자신의 후손들을 충분히 만든 후에 그 후손들이 그 인간을 벗어나서 다른 인간으로 계속 이동해 가기를 원합니다. 다시 말하지만, 그래야 계속 바이러스가 생존할 수 있기 때문입니다.

따라서, 인간 속에 들어간 바이러스는 인간의 각종 분비물을 통해서 그 후손들이 튀어나옵니다. 이를 바이러스 셰딩(shedding)이라고 합니다. 셰딩을 통해 바이러스가 전파됩니다. 그리고, 이 셰딩되는 바이러스를 감지해서 그 바이러스에 감염(infection)되었는지 그렇지 않은지를 판정합니다.

이제 바이러스에 대한 기초 설명을 마치고 코로나바이러스에 대해서 설명해 보겠습니다.

코로나바이러스 확진자라는 것은 그 사람의 호흡기 분비물 또는 호흡기 세포 등에서 코로나바이러스가 검출된다는 뜻입니다. 사람의 호흡기 분비물에 바이러스가 포함된 경우, 그 바이러스는 그 분비물을 타고 함께 이동합니다. 기침을 하거나 말을 하거나 호흡을 할 때 우리 인체에서는 호흡기 분비물들이 주위 환경으로 배출되는데, 그때 바이러스는 그 호흡기 분비물 속에 함께 존재하며 이동합니다. 호흡기 분비물 속에 바이러스가 존재할 때, 이로 인해서 바이러스가 전파되며, 또한 호흡기 분비물에서 바이러스가 검출될 때, 해당 사람이 통상 확진자로 진단되는 것입니다.

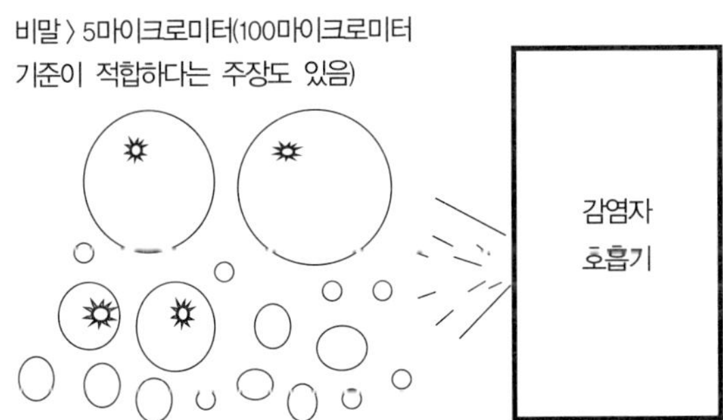

다수의 작은 입자들 〈 5마이크로미터(100마이크로미터 기준이 적합하다는 주장도 있음)

호흡기에서 나오는 입자들(비말의 크기 구분은 계속 논쟁 중입니다.)

여기서, 바이러스 전파방식을 생각해 보겠습니다.

위의 그림처럼, 어떤 호흡기분비물이 감염자에게서 배출되었다면, 그중 일부의 분비물에는 바이러스가 포함되어 있을 수 있습니다. 그 분비물이 표면에 착륙했는데, 이 표면을 다른 사람이 만져서 바이러스가 다시 그 다른 사람의 세포에 들어갈 기회가 생긴다면, 바이러스의 전파가 이루어집니다. 이를 포마이트전파(fomite transmission)라고 합니다.

또 다른 전파방식으로는, 바이러스를 함유한 그 분비물이 대략 10마이크로미터 정도 크기의 입자가 되어서 주위 1미터에서 2미터 근방에 있는 사람의 호흡기에 날아서(flying) 들어갈 수도 있습니다. 이를 비말전파(droplet transmission)라고 합니다. 이 비말, 영어로는 드롭렛(droplet)이라고 하는데, 그 크기가 5마이크로미터 이상의 입자로 보건학자들은 정의하고 있습니다. 그러나, 그 크기 구분은 현재도 논쟁 중입니다. 100마이크로미터 이상의 입자를 비말로 보아야 한다는 학자들의 주장도 있습니다.

세계보건기구(World Health Organization, WHO)는 사스-코로나바이러스-2(Severe Acute Respiratory Syndrome coronavirus 2, SARS-CoV-2)에 의한 코비드19(covid 19) 같은 전염병의 경우, 비말전파를 주요 전파경로로 밝히고 있었습니다. 그리고, 한국의 질병관리청도 이러한 세계보건기구의 입장에 동조하는 것으로 보이기도 했었습니다.

그러나, 이러한 주장이 현재는 바이러스 주요 전파경로의 한 가지로서 에어로졸 전파를 포함하는 방향으로 변경되었습니다. 호흡기 분비물이 기침, 대화, 호흡 등을 통해 인체를 빠져나올 때는 앞서 언급한 5마이크로미터보다 큰 입자도 배출되지만, 5마이크로미터보다 훨씬 작은 입자도 발생하게 됩니다. 즉, 다양한 크기의 호흡기 분비물 입자가 에어로졸 형태로 발생된다는 뜻입니다. 게다가, 5마이크로미터보다 큰 입자도 일단 공기 중으로 나오면 표면에서 수분이 증발(evaporation)하기 때문에, 크기가 급속도로 작아집니다. 또한, 바이러스가 크기가 큰 호흡기 분비물로 갈 수 있다면, 같은 부피 비율로 크기가 작은 호흡기 분비물로도 갈 수 있습니다. 그것이 자연스러운 현상입니다.

따라서, 바이러스가 호흡기 분비물 입자 중에서 큰 입자 속에만 있으며, 그에 따라 매우 짧은 시간 안에 지표면으로 떨어져서, 환자와 1미터에서 2미터 근방의 다른 사람에게만 영향을 준다는 비말(droplet)전파 위주의 기존 이론은 수정되었습니다. 기존 주장들은 보건학자들의 희망사항에 불과했습니다.

물방울(water droplet)의 증발은 에어로졸 분야의 기본적인 연구 분야입니다. 물방울의 증발은 물방울의 크기와 주변 상대습도에 의존하게 되며, 그 외에도 여러 다른 공학적 변수, 이를테면 물방울 내부의 화학물질 성분 등에도 영향을 받을 수 있습니다.

2016년도에 발표된 연구에 따르면, 물방울의 크기가 25마이크로미터인 경우 상대습도가 80%보다 작거나 같은 경우 10초보다 짧은 시간 내에 물방울이 증발해 버립니다.[6] 물방울의 크기가 더

---

6) Wang, Y. et al. (2016). Evaporation and movement of fine water droplets influenced by initial diameter and relative humidity, *Aerosol Air Qual Res* 2016: 16, 301-313. https://doi.org/10.4209/aaqr.2015.03.0191

작아지면 작아질수록, 더 빠른 속도로 표면의 물이 증발합니다.

따라서, 바이러스를 포함하는 물방울이 10마이크로미터 정도의 크기를 가진다면(상대습도가 지극히 높은 〉 90% 경우가 아니라면) 공기 중에 부유되어 있는 동안, 수분(moisture)이 모두 증발하여 바이러스만 공기 중에 떠 돌아다닐 가능성이 크다는 말입니다.

에어로졸 동역학 관점에서는 적지 않은 바이러스들이 작은 호흡기 입자에 포함되어 배출된 후, 수분(moisture) 증발과정을 거쳐, 작은 에어로졸이 되어, 공기 중으로 떠다닐 가능성이 있다고 말할 수 있습니다. 이를 바로 에어로졸 전파라고 부릅니다. 바로 이 글 전체를 통해 설명한 미분방정식의 이론들이 그것을 잘 설명해 줍니다. 이 바이러스들은 조건이 맞으면, 생명성을 유지한 채로, 장시간 공기 중에 떠 있을 수 있습니다. 참고로 여러 바이러스들은 그 크기가 대체로 100nm 내외입니다.

다음 장에서 에어로졸 전파에 대한 논의를 계속 더 해보겠습니다.

코로나바이러스 에어로졸 전파이론 2

직접적인 가설(Lee's theory)에 따라서, 코로나바이러스가 왜 에어로졸 형태로 전파될 수 있는지에 대하여 분석 계산을 해보겠습니다.

호흡기 바이러스에 감염된 환자에게서 바이러스 배출(shedding)이 일어나는 경우를 가정해 보겠습니다. 그 환자의 호흡기 분비물의 총 부피 중에서 배출되는 바이러스가 차지하는 부피가 10만분의 1이라고 가정해 보겠습니다. 이것을 백분율로 바꾸면, 1/1,000% 입니다.

바이러스는 그 크기가 대체로 100nm 근방이며, 사스-코로나바이러스-2의 경우도 비슷합니다. 바이러스를 직경 약 100nm인 구형(sphere)의 형태를 가진 것으로 가정해서 분석해 보겠습니다.

이 바이러스 한 개를 포함할 수 있는 호흡기 분비물 입자의 크기는 얼마로 계산될 수 있을까요? 우선 바이러스 한 개의 부피를 계산해 보겠습니다.

$$\text{바이러스 한 개의 부피} = \frac{4\pi}{3}\left(\frac{diameter(virus)}{2}\right)^3$$

여기에 다이어미터(diameter(virus))는 100nm = 100 × 10^{-9}m가 됩니다.

이제, 호흡기 분비물 입자의 부피를 계산해 보겠습니다. 호흡기 분비물 입자도 구형의 입자로 가정하겠습니다. 참고로 물방울은 물분자들의 수소결합(hydrogen bond)의 영향으로 구형을 띠는 경우가 일반적입니다.

$$\text{호흡기 분비물 입자의 부피} = \frac{4\pi}{3}\left(\frac{diameter(particle)}{2}\right)^3$$

이제, 이 두 가지 부피의 비율을 생각해 보겠습니다. 이 두 가지 부피의 비율은 앞에 언급한, 환자의 호흡기 분비물의 총 부피 중에서 배출되는 바이러스가 차지하는 부피의 비율, 즉 10만분의 1이 되어야 합니다.

$$\frac{\frac{4\pi}{3}\left(\frac{diameter(virus)}{2}\right)^3}{\frac{4\pi}{3}\left(\frac{diameter(particle)}{2}\right)^3} = \frac{1}{100,000}$$

위의 식을 다시 정리하면, 다음과 같습니다.

$$(diameter(particle))^3 = (100,000) \times (diameter(virus))^3$$

다이어미터(diameter(virus))에 100nm = 100 × 10^{-9}m를 대입하면,

다이어미터(diameter(particle))는 4.6마이크로미터로 계산됩니다.

분비물에서 바이러스가 차지하는 부피비율이 십만분의 1 정도일 때, 호흡기 분비물 입자가 4.6마이크로미터보다 크면 바이러스를 1개 포함할 수 있다는 말이 됩니다. 물론 이 입자도 신체에서 배출되고 나서 공기 중에 잠시라도 노출된 상태에서, 수분이 증발(evaporation)되면, 더 작아질 수 있습니다.

단, 이 계산에서는 전제 조건이 있습니다. 그것은 호흡기 분비물 속에 바이러스 입자가 고루 펴져 있다는 가설, 즉 균일분포가설(homogeneous distribution) 조건을 전제로 하는 계산이 위 계산이라는 것입니다. 실제로 바이러스가 호흡기 분비물 속에서 비균일적으로 분포할 수도 있으니, 이 계산에는 분명히 한계가 있습니다. 그러나, 이 계산은 최소한 그 바이러스의 전파되는 경향의 상당한 정도의 예측점을 보여 줄 수 있으니 의미가 있습니다.

전반부의 지식을 활용해 보겠습니다. 앞에서 미분방정식들을 이용하여 중력침강 시간을 계산한 바 있습니다.

터미널 속도(terminal velocity)식은 다음과 같습니다.

$$V(t) = \frac{d^2 \rho_p}{18\mu} g$$

여기에 방금 계산한 호흡기분비물 입자의 값을 대입해 보겠습니다. 직경이 4.6마이크로미터, 밀도를 1,000kg/m^3, 중력가속도를 9.8m/s^{2}으로 잡고, 공기(air)의 점성값(viscosity)을 184.6×10^{-7}Ns/m^{2}으로 하겠습니다. 그러면, 1m를 중력에 의해 하강하는데, 이 입자는 약 30분 정도가 걸립니다. 게다가 도중에 입자표면에서의 증발에 의해서 크기가 더 작아지면, 더 오랜 시간 공기 중에 부유(airborne)되어 있게 됩니다.

앞에서 언급했지만, 수 마이크로미터 물방울의 공기 중 증발속도는 상대습도가 90% 이하 정도라면, 수 초 스케일 정도에 불과합니다.

따라서, 호흡기 분비물에서 바이러스가 차지하는 부피 비가 일정 비 이상인 조건에서는, 공기유동에 따라서 일정 거리 이상을 바이러스가 에어로졸 형태가 되어 이동할 수 있다는 것은, 에어로졸 동역학 관점에서는 지극히 당연할 수밖에 없다는 결론을 내릴 수 있습니다.

호흡기 분비물에서 바이러스가 차지하는 부피 비가 크면 클수록 바이러스를 포함하는 호흡기 분비물의 최소 크기는 더 작아질 수 있습니다. 그럴수록 공기 중에 부유하는 시간은 점점 더 길어지게 됩니다. 리의 이론(Lee's theory)에 따르면 호흡기 분비물에서 바이러스가 차지하는 부피 비가 백만분의 1 수준보다 크게 되면 바이러스가 에어로졸 형태로 되어 공기를 따라 퍼져나갈 확률이 대단히 높아집니다.

코로나바이러스 에어로졸 전파이론 3

코로나바이러스를 인위적으로(artificially) 공기 중에 부유시키고 그 특성을 살펴보는 실험이 수행되었습니다. 이러한 종류의 연구는 바이러스의 전파(transmission) 정도를 예측하는 데 커다란 기여를 합니다.

먼저, 메르스 바이러스를 공기 중에 인위적으로 부유시키고 그 특성을 살펴보는 연구가 시행되었습니다. 이는 미국 국립보건원(NIH) 연구실 등에서 수행되었습니다.[7)]

해당 실험 결과를 보면, 메르스 코로나바이러스(MERS-CoV)의 경우, 습도가 낮은 경우(40%)에는 바이러스의 생명성(viability)이 실험기간 동안 유지된 반면에, 습도가 높은 경우(70%)는 바이러스가 급격히 생명성을 잃어버렸습니다. 바이러스는 원래 숙주(host) 밖에서는 생명현상을 보이지 않습니다. 여기서 생명성은 숙주에 접촉되었을 때 숙주세포를 이용해 자신의 유전자를 복제할 수 있는 감염력(infectivity)

---

7) van Doremalen, N. et al. (2013). Stability of Middle East respiratory syndrome coronavirus (MERS-CoV) under different environmental conditions. *Euro Surveill*, 2013, 18, pii=20590. https://doi.org/10.2807/1560-7917. ES2013. 18.38. 20590

을 말합니다. 실험 결과를 다시 해석하면, 메르스 바이러스의 경우, 공기 중에 배출(shedding)되었을 때, 주변 습도가 낮은 경우는 감염력이 유지되지만, 주변 습도가 높은 경우에는 메르스 바이러스가 급격히 감염력을 잃어버린다는 이야기가 됩니다. 전염병 메르스(middle east respiratory syndrome)가 왜 건조한 중동지방에서만 유행하는지를 설명해 주는 대단히 중요한 연구 결과라고 말할 수 있습니다.

이 연구 결과를 통해 대한민국의 사례를 해석해 볼 수도 있습니다. 대한민국에서 2015년 메르스가 유행했을 당시, 대한민국은 상당 기간 극심한 가뭄에 시달리고 있었습니다. 그리고, 장마철이 시작되자 메르스 유행이 종식되었습니다. 이것이 과연 우연의 일치일까요?

2019년부터 수년 동안 전염병 대유행을 만든, 사스-코로나바이러스-2(SARS-CoV-2)의 경우, 이를 공기 중에 인위적으로 부유시키고, 3시간 동안 그 특성을 살펴보는 연구가 수행되었습니다.[8] 이 역시 미국 국립보건원(NIH) 연구실 등에서 연구가 수행되었습니다. 이 실험에 따르면, 사스-코로나바이러스-2의 경우는 공기 중에 부유되어(airborne) 있는 상태로 3시간이 지나면, 일부 생명성이 감소하기는 하지만, 여전히 상당 정도의 생명성을 유지하고 있는 것으로 나타났습니다. 3시간은 이 실험을 했던 총 시간입니다. 더 장시간 실험을 수행했다면 어떤 결과가 나타났을지는 모릅니다. 어쨌

8) van Doremalen, N. et al. (2020). Aerosol and surface stability of SARS-CoV-2 as compared with SARS-CoV-1, *N Eng J Med.* 2020: 382, 1564-1567. DOI: 10.1056/NEJMx2004973

든 3시간은 결코 짧은 시간이 아닙니다.

사스-코로나바이러스-2(SARS-CoV-2)가 공기 중으로 배출된 상태에서, 사스-코로나바이러스-2를 포함하는 호흡기 분비물 입자의 크기가 수 마이크로미터 수준이라면, 3시간은 상당 거리를 공기유동을 타고 충분히 이동할 수 있는 시간입니다. 즉, 이 실험결과를 다시 해석하면, 바이러스 에어로졸 전파를 지지하는 하나의 실험결과라고 볼 수 있습니다. 따라서 이 실험결과는 사스-코로나바이러스-2가 왜 전 세계적으로 대유행(pandemic)이 되었는지를 설명할 수 있는 실험 결과 중의 하나라고 생각됩니다.

전염력이 높은 바이러스를 공기 중에 인위적으로 부유시킨 후 그 특성을 살펴보는 실험은 한 곳의 실험 결과만을 가지고 생각하는 것보다 여러 곳의 실험 결과를 비교해 보는 것이 좋습니다. 왜냐하면 바이러스 전파력을 예측하는 측면에서, 그 중요성이 너무 높기 때문이고, 실험이라는 것은 실험하는 사람과 실험시설에 따라 결과에서 차이를 보이는 경우가 드물지 않기 때문입니다.

그러나, 메르스 코로나바이러스나 사스-코로나바이러스-2와 같이 전염력이 높은 바이러스를 장시간 공기 중에 띄우는 실험은 난도가 매우 높습니다. 대단히 숙련된 뛰어난 실험연구자들이 필요하며, 정밀하고 확실한 실험설비도 필요합니다. 이러한 유용한 실험결과들이 희소한 이유입니다.

코로나바이러스 에어로졸 전파이론 4

실제 측정실험 결과들을 살펴보면 더더욱 사스-코로나바이러스-2(Severe Acute Respiratory Syndrome 2, SARS-CoV-2)가 에어로졸 형태로 전파한다는 이론의 과학적 근거가 확실해집니다.

사스-코로나바이러스-2에 감염된 환자의 호흡기 분비물을 연구해 보니, 바이러스의 포함 비율이 최대 $8.97\times10^{-5}\%$ 정도로 측정 및 계산되었습니다.[4) 9)]

앞선 방식으로 계산해 보겠습니다.

$$\frac{\frac{4\pi}{3}\left(\frac{diameter(virus)}{2}\right)^3}{\frac{4\pi}{3}\left(\frac{diameter(particle)}{2}\right)^3}=\frac{8.97}{10{,}000{,}000}$$

---

9) Wölfel et al. (2020). Virological assessment of hospitalized patients with COVID-2019. *Nature* 2020: 581, 465–469. https://doi.org/10.1038/s41586-020-2196-x

위의 식을 다시 정리하면, 다음과 같습니다.

$$(diameter(particle))^3 = (\frac{10{,}000{,}000}{8.97}) \times (diameter(virus))^3$$

바이러스 크기를 100nm 정도로 보고 계산해 보면, 10.4마이크로미터 정도 크기의 호흡기 분비물 정도면, 바이러스를 1개 포함할 수 있다는 계산값을 얻게 됩니다. 그리고, 이 크기는 증발(evaporation)에 의해서 더 작아질 수 있습니다. 최소 5분 정도는 공기 중에 떠 있을 수 있고, 증발로 인해 작아진다면, 더 오랜 시간 동안 공기 중에 떠 있을 수 있습니다.

추가로 더 설명하면, 미국, 중국, 싱가포르에서는 채집한 공기 샘플에서 사스-코로나바이러스-2(SARS-CoV-2)의 유전자 검출에 성공했습니다.[10) 11) 12)]

더 상세하게는, 1마이크로미터에서 4마이크로미터 크기의 공기 중 에어로졸을 샘플링 해보니, 그 속에서 바이러스 유전자를 검출했다는 실험 결과도 있고,[11)] 심지어, 0.25마이크로미터보다

---

10) Lednicky et al. (2020). Collection of SARS-CoV-2 Virus from the Air of a Clinic within a University Student Health Care Center and Analyses of the Viral Genomic Sequence. *Aerosol Air Qual Res* 2020: 20, 1167–1171. https://doi.org/10.4209/aaqr. 2020. 05.0202

11) Chia et al. (2020). Detection of air and surface contamination by SARS-CoV-2 in hospital rooms of infected patients. *Nat Commun* 2020: 11, 2800. https://doi.org/10.1038/s41467-020-16670-2

12) Liu, Y. et al. (2020). Aerodynamic analysis of SARS-CoV-2 in two Wuhan hospitals. *Nature* 2020: 582, 557–560, https://doi.org/10.1038/s41586-020-2271-3

작은 입자에서부터 1마이크로미터 크기의 에어로졸을 샘플링 해 보니, 그 속에서 바이러스 유전자가 검출되었다는 실험 결과도 있습니다.[12]

호흡기질병을 일으키는 바이러스가 기본적으로 에어로졸 형태로 되어 전파되어 간다는 것은 에어로졸(aerosol) 동역학 관점에서는 부인하기 어려운 과학적 이론이라고 생각합니다.

2020년 8월에 미국 플로리다 대학 연구팀이 공기 샘플에서 감염력이 있는 코로나바이러스를 분리해 내는 데 성공했다는 연구 결과를 발표했습니다.[13] 이 결과는 코로나바이러스가 공기를 타고 이동할 수 있다는 또 다른 증거가 됩니다. 이 연구를 주도한 플로리다 대학 연구팀의 에어로졸 분야의 실험학자인 우(Wu) 교수는 저와 연락을 주고받는 사이이기도 입니다.

비말(droplet)이나 비말에서 수분이 증발한 비말핵(droplet nuclei) 등은 보건학자들이 만든 단어들입니다. 에어로졸 분야에서 볼 때, 이러한 단어는 크게 의미를 갖기 어렵습니다. 이들은 모두 에어로졸의 일종입니다.

위의 분석들은 다음과 같은 방역 지침의 이론적 근거가 됩니다. 우선, 바이러스에 의한 호흡기 전염성 질병의 경우에는 호흡기 보호구(respirator), 일명 마스크의 착용이 필요합니다.[14]

---

13) Lednicky et al. (2020). Viable SARS-CoV-2 in the air of a hospital room with COVID-19 patients. *Int J Infect Dis* 2020: 100, 476-482, https://doi.org/10.1016/j.ijid.2020.09.025

14) Lee, B.U. (2021). Control methods for aerosols and airborne spreading theory of SARS-CoV-2. *Journal of Environmental Health Sciences* 2021: 47, 123-130.

왜냐하면, 첫째, 환자의 호흡기 분비물이 주변 환경 중으로 퍼져나가는 것을 감소시키기 위해서입니다.

둘째, 만일 주변 공기 중에 바이러스가 많이 존재한다는 우려가 된다면, 고효율의 마스크 착용을 통해서 비감염자의 바이러스에 대한 노출 확률을 감소시킬 수 있기 때문입니다.

통상 마스크는 여러 겹을 사용하면 효율이 급격히 증가합니다. 반면에 여러 겹을 사용하는 경우, 공기흐름이 많이 막히기 때문에(압력강하) 호흡이 힘들어질 수 있습니다.

마스크는 앞에서 설명한 필터 이론을 실생활에 적용한 대표적인 사례입니다. 즉, 에어로졸 기술의 산물입니다.

마스크 외에 추가로, 감염예방을 위하여 보안경, 투명 안면 가리개 등을 사용해 볼 수도 있습니다. 이를 사용함으로써 눈에 에어로졸이 붙어서 일어날 수 있는 감염의 확률을 줄일 수 있습니다.

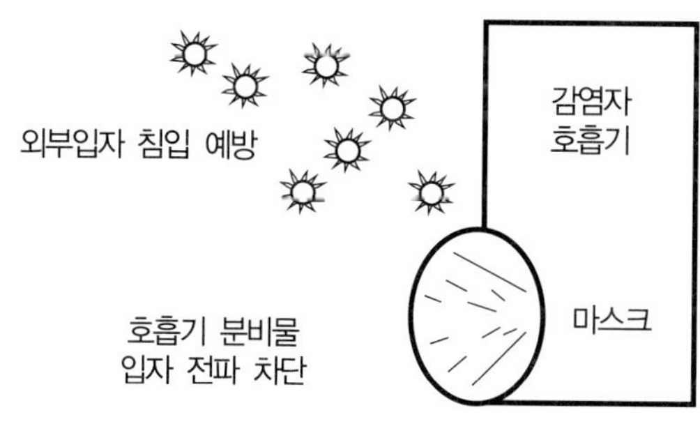

마스크의 기능

그러나, 이러한 마스크나 보안경, 투명 안면 가리개는 사용 시 그 단점과 유의점이 있음을 알아야 합니다.

코로나바이러스 에어로졸 전파이론과 손 씻기 그리고 마스크

대한민국의 경우, 공기매개전염병을 반복적으로 겪었습니다. 2009년 신종플루, 2015년 메르스, 그리고 2019년부터 계속된 사스-코로나바이러스-2(SARS-CoV-2) 사태까지, 주기적으로 유사한 일이 반복되고 있습니다. 이러한 사태가 생길 때마다 사회는 공포에 떨고 경제는 마비되었습니다.

그런데, 2009년, 2015년, 그리고 2019년부터 2020년의 초반까지 방역 당국은 물론 소위 전문가라는 분들이 방송에 나와서 손 씻기를 강조할 뿐, 마스크 착용에 대해서는 상대적으로 적절한 언급이 부족했습니다.

호흡기 바이러스는 번식하기 위해서, 즉 숙주를 옮겨 타기 위해서, 숙주에서 벗어나 이동을 하는 셰딩(shedding)이라는 것을 하는데, 이는 주로 호흡 시 인체에서 나오는 호흡기 분비물을 통해서 이루어집니다. 그리고 호흡기 분비물은 호흡 시 나오는데, 그 크기가 대단히 다양합니다. 따라서, 일부는 매우 작은 입자 형태로도 나올 가능성이 있습니다. 즉, 바이러스 에어로졸 전파의 가능성이 있습니다.

손 씻는 것은 많은 미생물로부터 인체 침입을 막는 효과가 있지만, 손 씻기만으로는 호흡기 전염병을 예방하기에는 부족하다고 생각합니다. 에어로졸 과학자로서 호흡기 바이러스가 숙주로부터 나와서 외부로 번지는 확률을 줄이기 위해서는 전염병이 유행하면, 우선적으로 마스크를 착용하는 것이 바람직하다고 생각합니다. 또한, 마스크는 외부 공기 중에 부유되어 있는 각종 질병을 일으킬 수 있는 병원균(pathogen)들이 인체로 들어올 수 있는 확률을 줄여 줍니다. 따라서, 호흡기 전염병이 유행할 경우 마스크의 착용은 당연하다고 생각합니다.

2020년 7월 대한민국 방역당국이 마스크 착용을 제대로 권고하지 않은 것에 대하여 사과했습니다. 세계보건기구(WHO)의 권고에 따라서 하다 보니, 마스크 착용에 대하여 제대로 권하지 않았다고 말했습니다. 에어로졸 과학자들의 말을 깊이 새겨들었는지가 의문인 시책들을 반복하다가, 막상 마스크를 쓴 경우와 그렇지 않은 경우의 감염상태를 비교해 보니, 마스크가 얼마나 중요한 기능을 하는지 알게 되었기 때문에, 결국 사과하고 인정하게 된 것입니다.

유체역학과 미분방정식으로 이루어진 에어로졸 이론은 아무래도 일반인의 접근성이 떨어집니다. 보통의 과학기술자들도 에어로졸 이론을 이해하기가 어려웠다고 생각합니다.

과학기술 분야는 대단히 넓고, 한 사람이 모든 분야를 다 알 수가 없습니다. 방역이라는 것도 과학기술의 한 분야입니다. 종합과학기술 분야인 방역을 잘하기 위해서는 다양한 전문가의 의견을 경청할 필요가 있습니다.

코로나바이러스 에어로졸 전파이론과 전파차단 기술

바이러스와 싸워 이기는 길은 크게 세 가지가 있습니다. 백신 기술, 치료제 기술, 그리고 바이러스 전파차단 기술입니다.

하나하나 살펴보면 다음과 같습니다.

백신은 바이러스가 인체가 들어왔을 때 인체의 면역반응이 더욱더 잘 일어날 수 있도록 우리 인체를 단련시키는 물질입니다. 그런데, 어떤 바이러스가 문제 되었을 때, 그 백신을 개발하는 것은 쉬운 일이 아닙니다.

바이러스에 대한 상세한 분석은 당연하고, 그 바이러스에 대항하는 인체의 면역체계를 이해해야 하며, 백신 후보물질을 개발한 후에도 안전성을 시험해야 합니다.

최종적으로는 다양한 배경을 가진 사람들을 대상으로 직접 주입하는 실험들을 해야 합니다. 그 과정은 대단히 시간이 오래 걸리고 어렵습니다. 또한 문제는 백신이 나와도 바이러스 변종이 생기면, 백신의 실제적인 예방 효율이 낮아질 수도 있다는 것입니다.

조금 더 설명해 보겠습니다. 바이러스는 숙주(host)의 세포기관을 이용해 자신을 복제합니다. 그러다 보니 변종(variant)이 많이 생깁니다. 그 경우 기존 바이러스 대비로 만든 백신이 새롭게 변화된 바이러스에 대해서도 효율이 높다고 확신하기 어렵다는 이야기입니다.

치료제 기술은 후속대책입니다. 후속대책인 치료제는 일단 환자가 발생한 후에, 그에 대해서 대응하는 방법입니다. 즉, 환자 발생을 미리부터 막는 기술이라고 보기 어렵습니다. 다만, 만일 치료제가 바이러스 배출량을 현저히 줄여서 바이러스 전파를 감소시키는 영향을 줄 수 있다면, 환자 발생을 줄이는 역할도 한다고 평가할 수도 있겠습니다. 어쨌든, 바이러스의 공격 메커니즘을 이해하고 바이러스를 세포 속에서 억제하는 연구를 통한 후에야 비로소, 적절한 치료제 물질을 개발할 수 있습니다. 이는 시간이 오래 걸립니다. 그리고, 백신과 마찬가지로 안전성 검사도 통과해야 합니다.

전파차단 기술은 의외로 개발기간이 짧을 수 있습니다. 해당 바이러스의 전파경로만 확실하다면, 그 경로를 차단하는 방식으로 기술을 개발하면 됩니다. 사스-코로나바이러스-2의 경우는 그 전파경로에 대해서 혼란이 있었다고 생각합니다. 전파경로에 대해서 잘 모르는 견해가 있다 보니, 마스크 사용에 대해서 확실한 이야기를 하지 못했습니다. 따라서 전파차단 기술 개발에 대해서도 확실하게 나서지 못했던 것입니다. 이는 안타까운 부분이며, 향후 더 연구 및 개선되어야 할 부분입니다.

필자 역시 미국 신시내티의대 연구원 시절에 바이러스 에어로졸 대비용 전파차단 기술을 연구한 바 있습니다. 그리고 의료용 마스크와 전기적 이온도 연구했습니다.

많은 다양한 과학기술자들이 바이러스 전파차단 기술에 대해서 많은 의견을 내놓고 있습니다.

그러나, 바이러스 전파차단 기술들이 방역 부분의 실제 영역에서는 아직까지 제대로 적용되지 못했다고 생각합니다. 세계 다른 나라들도 마찬가지라고 생각합니다.

호흡기 전염 바이러스가 에어로졸 전파로 이동하는 것을 가정한다면, 그에 따른 전파차단 기술을 개발하고 활용했어야 합니다. 그러나, 실제 현장에서의 그 실현성이 미흡했다고 생각합니다. 에어로졸 학자들이 전염병에 대해서 보다 더 연구하고 실제적 방역 대책에 보다 더 참여해야 하는 이유입니다.

코로나바이러스 에어로졸 전파이론의 반론

코로나바이러스의 에어로졸 전파이론의 반대 논리 중에 가장 흔한 것은 다음과 같습니다.

"에어로졸 형태로 전파되면 환자 수가 엄청나게 늘어나야 하는데, 왜 그렇게 늘어나지 않습니까?"

이에 대한 연구가 있었습니다.[14] 이를 다양한 각도에서 분석해 보면, 다음과 같은 방식으로 설명할 수 있습니다.

에어로졸의 대표로 인식되는 것이 담배 연기입니다. 담배 연기가 발생했을 때 그것이 주변의 몇 명에게 영향을 미칠 수 있습니까? 근접한 사람에게는 영향을 주지만 거리가 어느 정도 있으면 그 영향이 지극히 제한적입니다. 그 이유는 무엇입니까? 이는 인간 주변의 공간이 3차원 공간이고 인간이 또한 이동하기 때문에 그 담배 연기에 노출(exposure)될 확률이 제한적이기 때문입니다.

물론, 담배 연기와 코로나바이러스는 크기가 달라서 단순 비교를 할 수는 없습니다. 그러나, 에어로졸의 기본 원리는 활용할 수 있습니다.

코로나바이러스가 에어로졸로 전파되어도 실제로 인간에게 감염되기 위해서는 그 바이러스가 인체에 물리적으로 달라붙어야 합니다.

게다가 바이러스가 물리적으로 인체에 달라붙고 실제로 감염(infection)을 일으킬 때까지는 여러 단계가 필요합니다.

흔히 인펙셔스도스50(infectious dose 50, ID50)라는 개념으로 지칭하곤 하는데, 이 개념은 진짜 한 사람에게 질병을 일으키는 데 필요한 최소한의 바이러스 개수를 뜻합니다. 전염병 연구에서는 이러한 개념을 연구해서 정해두고 있습니다. 여러 바이러스 질병들은 아이디피프티(ID50) 값이 어느 숫자(예를 들면 10 또는 100 등등)가 됩니다. 즉 당연한 이야기이지만 1보다는 큽니다.

따라서, 코로나바이러스가 에어로졸 전파가 되어도 그 노출량이 아이디피프티(ID50) 이상값이 되어야 비로소 감염자가 발생한다는 말입니다. 밀폐된 공간에서 감염자가 다량의 바이러스를 셰딩(shedding)할 때, 이로 인해서 공기 중 바이러스의 농도가 어느 값 이상이 되었을 때, 그로 인하여 아이디피프티(ID50) 이상값의 바이러스에 사람이 노출되었을 때, 그제야 그 공간에 있는 사람에게 바이러스가 전파될 수 있는 것입니다.

에어로졸 전파가 되면 직접전파(직접 감염자와 물리적 접촉)나 매개물전파(감염자에게서 나온 바이러스가 묻어 있는 물체를 만지는 것)에 비하여 짧은 시간에 많은 환자가 나올 가능성이 있습니다. 그런데, 실제로 많은 수의 감염자가 짧은 시간에 나왔습니다. 콜센터 집단감염, 종교시설 집단감염, 선박의 집단감염, 동일한 아파트에서 동일한 라인에 거주하는 주민

들의 집단감염 등등, 대규모 감염사례가 실제로 나왔습니다.

호흡기 바이러스 전파현황에서 이러한 에어로졸 전파가 의심되는 사례를 찾기는 이제 어렵지 않습니다. 따라서, 코로나바이러스 에어로졸 전파를 반대하는 주장은 그 주장을 뒷받침하는 논리가 약하다고 말할 수 있습니다.

전염병의 에어로졸 전파는 아직 연구해야 할 부분이 많습니다. 에어로졸 학자들이 할 일이 많을 것으로 보입니다. 이러한 연구가 수행되면서 전염병의 차단이 더 효과적으로 이루어질 것으로 기대합니다.

6

미세먼지 고급이론

고급이론 1 스톡스법칙의 변형

에어로졸 이론 중에는 학술적으로 설명하기 어려운 이론이 많습니다. 그리고, 에어로졸 분야 주제 중에는 실제로 실험하기 쉽지 않은 것들도 많습니다. 또한, 에어로졸 실험 결과를 분석하다 보면 의문점들이 자꾸 생깁니다. 그래서, 에어로졸 연구를 하다 보면, 에어로졸 이론이 아직 미성숙 단계이며 개선될 여지가 많다는 것을 실감할 수 있습니다.

실제 현실에서의 이론, 즉 가정이 많이 들어간 단순 이론이 아니라 대단히 복잡하고 어려운 이론, 좋은 말로 고급이론(advanced theory)의 하나로서, 스톡스법칙(Stokes' law)의 변형에 관해서 설명해 보도록 하겠습니다. 에어로졸 분야가 전혀 단순하지 않음을 알게 될 것입니다. 미리 말씀드리지만, 다른 내용에 비하여 이 내용은 난도가 높습니다.

물체가 공기 중에서 중력방향으로 하강할 때, 앞에서 우리는 공기마찰력을 계산할 때 스톡스법칙을 사용했습니다.

다음과 같은 식입니다.

공기마찰력의 크기 = 3 × π × 공기의 점성(viscosity) × 입자의 속력(v) × 입자(구)의 크기(직경)(d)

$$F = 3\pi\mu Vd$$

그러나, 이 식은 특수한 가정(assumption)에 바탕을 두고 있습니다. 이 식은 유체역학 방정식을 활용하여 과학자 스톡스(Stokes)가 수학적으로 풀어낸 결과인데, 거기에는 가정이 있습니다. 이 가정을 설명해 보겠습니다. 그런데, 이 가정 자체가 상당히 유체역학적(fluid dynamics)인 내용이라서 설명하기가 어렵습니다. 여기에 사용된 단어 자체도 어렵습니다.

어렵지만, 설명하자면 다음과 같습니다.

일단 물체 주변의 유체유동(fluid flow)이 연속(continuous)이고, 비압축성(incompressible)이며, 점성유동(viscous flow)이어야 하고, 물체의 형태 자체가 구형(spherical)이어야만 하며, 물체가 무한히 큰 공간을 채우고 있는 유체 속에서 단독으로 이동해야 합니다. 또한 레이놀즈수가 작은 유동(low Reynolds number flow)을 일으키면서 물체가 유체 속에서 이동해야 합니다. 이것이 가정입니다.

이 복잡한 단어들을 다시 비교적 쉬운 언어로 설명해 보겠습니다. 연속(continuous)이라는 뜻은 유체의 어느 임의의(arbitrary) 두 지점을 잡았을 때, 항상 그 두 지점 사이에 유체가 존재한다는 의미입니다. 즉, 다 줄줄이 이어져 있다는 뜻입니다.

비압축성의 의미는 유체가 질량이 주어진 상태에서, 부피가 임의로 변하지 않는다는 뜻입니다. 즉 밀도(density)가 바뀌지 않는다는 것으로, 예를 들면 어느 용기에 집어넣었을 때 눌러지지 않는다는 뜻입니다.

점성유동은 여러 가지 의미가 있는데, 일단 유동을 이루는 유체에 점성이 있다는 정도로 설명하겠습니다. 점성은 유체의 끈적끈적한 성질이라고 말할 수 있고, 점성도는 그 정도를 말합니다. 정확하게는 유체에 단위면적당 빗겨지는 힘(shear stress)를 가했을 때, 그 단위면적당 힘과 '유체속도의 거리에 대한 변화율' 사이의 비례상수가 점성도입니다. 이 말이 너무 어렵다면, 그냥 유체입자가 서로 당기는 끈적임 정도로 이해해도 됩니다.

물체가 무한히 넓은 공간에서 홀로 이동한다는 것은, 주위에 다른 물체가 해당 물체의 운동에 영향을 주지 않는다는 뜻입니다.

가정 중에서, 가장 어려운 말이 레이놀즈수가 작은 유동(low Reynolds number flow)을 일으키면서 물체가 유체 속에서 이동한다는 말인데, 이는 참으로 유체역학적 지식을 말하지 않고는 설명하기 어렵습니다. 그래도, 시도해 보겠습니다. 공기와 같은 유체가 이동할 때는 일정한 궤적을 따라서 쭉 유체분자들이 이동하는 경우가 있습니다. 이를 흔히 층류(laminar)라고 부릅니다. 이러한 층류들은 레이놀즈수가 작은 경우에 많이 일어납니다. 반면에 공기와 같은 유체가 이동할 때, 그다음 궤적을 예측하기 어려운 불규칙한 소용돌이나 불규칙하게 퍼져나가는 유동을 보이는 경우가 있습니다. 이를 난류(turbulence)라고 합니다. 레이놀즈수가 크면 이러한 난류가 많이 일어나는 편입니다.

따라서, 과학자 스톡스(Stokes)가 만들어낸 위의 식은 레이놀즈수가 작은 층류들의 경우에 적용되는 식입니다.

스톡스(Stokes)의 식은 위와 같은 특별한 많은 가정하에 만들어진 식입니다. 즉, 스톡스의 식과 실험 결괏값이 서로 부합하려면, 이러한 가정들이 만족되어야 합니다.

실제의 상황 몇 가지를 생각해 보겠습니다.

일단 물체가 너무 커지면, 예를 들어 자동차나 연필, 지우개가 중력 방향으로 하강할 때, 공기마찰력은 스톡스의 식으로 주어지지 않습니다. 왜냐하면, 유체가 층류 형태보다는 오히려 난류의 형태로 해당 물체 주변을 감싸고 가기 때문입니다. 이러한 경우에는 스톡스의 유도식보다 단순한 뉴턴의 운동량보존법칙을 활용하는 것이 더 적절합니다. 물체가 하강하면서 해당 부피만큼의 공기를 옆으로 밀어내기 때문에, 이 밀려난 공기의 질량과 속도를 이용하여 공기마찰력을 구하는 것이 더 적절하기 때문입니다. 이 경우 속도의 제곱, 즉 V^2에 비례하는 특성을 보이는 것이 일반적입니다.

정반대로 물체가 너무 작으면, 즉 미세먼지가 너무 작아지면, 스톡스의 유도식이 실험값과 차이를 보입니다. 그 이유는 미세먼지가 너무 작으면, 위에서 언급한 가정 중에서 연속유동(continuous)의 가정이 깨어지기 때문입니다. 차분히 생각해 보겠습니다. 공기는 공기 분자로 이루어져 있습니다. 그런데, 공기 분자가 빽빽하게 공간을 채우고 있는 것이 아니라, 공기 분자가 활발히 이동하면서 마치 공간을 채우고 있는 것처럼 보이는 것입니다. 실제의 공기 분자 크기는 0.1nm 수준입니다. 매우 작은 크기입니다. 이 작은 분자가 공간을 빽빽이 채우고 있는 것이 아닙니다. 이 공기 분자들이 활발히 운동하며 공간을 채우고 있는 것처럼 보이는 것입니다. 이 공기 분자 한 개가 다른 공기 분자와 충돌할 때까지 이동하는 거리는 1기압 상온에서 65nm 정도입니다. 즉 공기 분자 스스로 크기는 작지만, 활발히 이동하여 공간을 채우는 효과를 주는 것입니다.

공기 분자 한 개가 다른 공기 분자와 충돌할 때까지 이동하는 거리를 자유이동거리(mean free path)라고 부릅니다. 65nm가 바로 이 자유이동거리입니다. 추가로 설명하면 기압이 낮을수록, 즉 공기가 누르는 힘이 적을수록, 다시 말해서 공기 분자의 충돌력이 적으면 적을수록, 자유이동거리는 길어집니다.

공기는 연속처럼 보입니다. 즉, 공기의 어느 임의의(arbitrary) 두 지점을 잡았을 때, 항상 그 두 지점 사이에 공기가 존재하여 다 줄줄이 이어져 있는 것처럼 보입니다. 그러나, 더 작은 범위로 가면, 공기 분자들이 상당한 거리만큼 떨어져 있고, 그 사이사이가 상당히 비어 있는 것을 발견하게 됩니다. 미세먼지가 자유이동거리(mean free path) 수준으로 작아지면, 즉 크기가 50nm나 30nm가 되면 여전히 크기가 공기 분자보다는 훨씬 크지만, 공기저항력을 활용할 때 더이상 연속이라는 가정을 활용하기 어렵습니다. 그래서, 물체가 너무 작으면 스톡스(Stokes)의 식을 적용하기 어렵게 되는 것입니다.

스톡스의 식은 통상 자유이동거리(mean free path)보다 큰 크기의 입자이면서도 너무 크지 않은 입자, 구체적 수치로 말한다면,

0.5micrometer에서 10micrometer 정도 범위의 미세먼지 입자에 적합한 식입니다. 이 범위에서 그 정확성이 큽니다. 그 영역을 벗어나면 수정이 필요합니다.

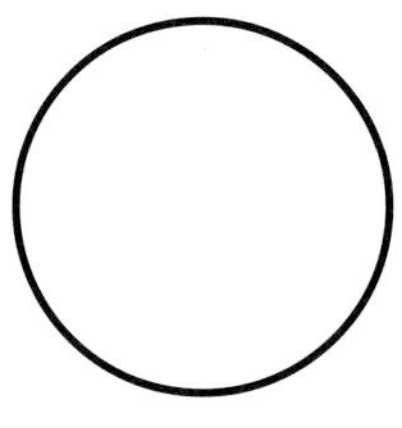

입자가 크면 공기가 연속(continuous)이라는 가정 유효

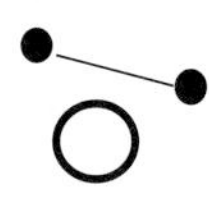

입자가 자유이동거리(mean free path)와 비교될 정도로 크기가 작아지면, 입자가 겪는 공기는 더 이상 연속(continuous)이 아님.

자유이동거리와 연속 가정

이 영역보다 큰 영역과 작은 영역에 대해서, 수정하는 방식을 설명해 보겠습니다.

먼저 큰 영역을 생각해 보겠습니다. 미세먼지 연구에서는 커다란 물체는 잘 다루지 않습니다. 왜냐하면, 공기 중 체류시간이 지극히 짧아서 바로 땅에 떨어져 버려 지표면의 일부가 되어 버리기 때문입니다. 10micrometer보다 큰 물체들, 예를 들면 500micrometer 입자들은 공기 중에 그다지 오래 떠 있지 않습니다. 추가로 더 예를 들면, 모래를 공중에 뿌리면 금방 땅으로 가라앉습니다. 따라서, 스톡스(Stokes)법칙에서 식의 변형은 큰 입자에 대해서는 별로 사용하지 않습니다. 주로, 앞에서 언급한 영역보다 작은 영역, 즉 작은 미세먼지에 대해서, 스톡스의 식의 보정식을 사용합니다.

보통 다음과 같은 식을 사용합니다.

$$F = \frac{3\pi\mu Vd}{C_c}$$

여기서 C_c를 커닝험 보정계수(Cunningham correction factor) 또는 슬립보정계수(Slip correction factor)라고 부릅니다. 일종의 보정계수인데, 슬립(slip)이라는 말이 인상적입니다. 여기서 슬립의 의미는 공기 분자가 미세먼지 표면에서 미끄러져 간다는 뜻입니다.

공기가 연속이라는 가정을 하면, 공기 중에서 어떤 고체 표면에 바로 달라붙어 있는 공기층은 고체 표면과 같은 속도가 됩니다. 이를 노슬립조건이라고 부릅니다. 그러나, 미세먼지가 자유이동거리(mean free path) 수준으로 작아지면, 입자 표면에서도 공기 분자가 미끄러져 가게 됩니다.

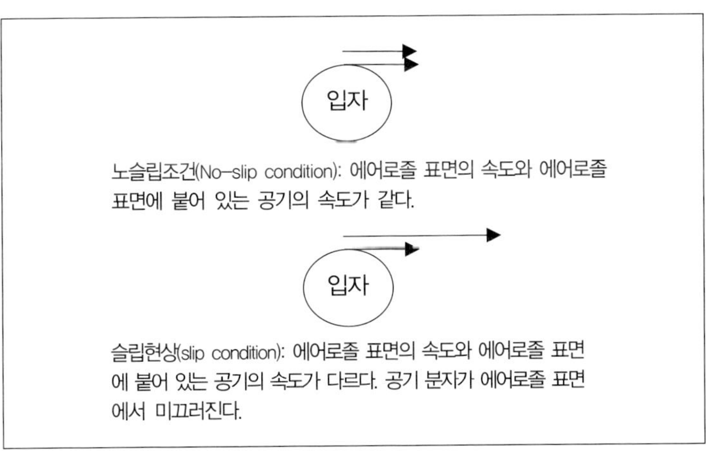

노슬립조건과 슬립현상

즉 공기가 고체 표면과 다른 속도로 움직이게 됩니다. 이를 슬립(slip)이라고 부릅니다.

커닝험 보정계수 C_c에 대해서는 현재도 많은 연구를 하고 있으며, 여러 가지 식들이 제시되고 있습니다. 그중에 한 예가 다음과 같은 형태의 식입니다.

$$C_c = 1 + f(Kn)$$

위의 식에서, Kn은 누센수(Knudsen number)라는 것입니다. 누센수의 정의는 다음과 같습니다.

$$Kn = \frac{\lambda}{(d/2)}$$

여기서 λ는 자유이동거리(mean free path)입니다. d는 스톡스(Stokes)의 식을 적용할 미세먼지의 직경입니다. 누센수가 커질수록 스톡스의 식은 실험 결과에서 많이 벗어나게 됩니다. 그래서, 그만큼 보정계수값도 점점 커지게 됩니다.

여기까지 스톡스법칙의 식에 대한 가정들에 대한 논의 중에서, 주로 미세먼지의 크기에 따른 보정에 대하여 설명해 보았습니다.

그 밖에 논의 대상을 하나 더 말씀드려 보겠습니다. 가령, 물체의 형태가 구형(sphere)이 아니라면, 스톡스의 식과 전혀 다른 이야기가 펼쳐집니다. 이 경우는 별도의 기하학적 보정계수를 사용합니다.

이 정도로 공기저항력에 대한 고급이론 논의를 마무리하겠습니다. 이 논의를 통해 이해하시겠지만, 실제 현장에 적용할 에어로졸 이론들은 복잡하고 따져봐야 할 사항들이 많습니다.

7

응용수학 이론 요약

이 책을 활용하면서, 응용수학의 기본 이론들을 참고로 학습하면 좋을 것으로 판단하여, 최대한 간략하게 응용수학의 이론들을 설명하고 요약해 보겠습니다.

2계 미분방정식과 뉴턴의 운동 법칙

2계 미분방정식에 관해서 설명해 보겠습니다. 2계 미분방정식(2nd order differential equation)이란, 미분방정식 중의 한 가지로서 방정식 안에 들어가는 미분식이 두 번 미분한 식인 것을 말합니다.

예를 들면, x를 변수로 가지는 함수 y의 미분방정식을 생각해 보겠습니다.

$$7\frac{d^2y}{dx^2}+y=0 \quad \text{【식100】}$$

위의 【식 100】에서는 $y(x)$를 x에 대해서 두 번 미분한 식이 포함됩니다. 이런 경우 2계 미분방정식이라고 부릅니다. 만일 미분방정식에 미분을 여러 번 수행한 식이 포함된다면, 가장 많이 미분한 횟수를 기준으로 방정식의 이름을 붙입니다. 8번 미분한 식이 있다면 8계 미분방정식이 됩니다. 다음 미분방정식이 8계 미분방정식입니다.

$$7\frac{d^8y}{dx^8}+6\frac{d^2y}{dx^2}+y=0$$

2계 미분방정식 중에서 계수가 상수(constant)인 미분방정식이 여러 공학에서 자주 나옵니다. 주로 다음과 같은 형태입니다.

$$7\frac{d^2y}{dx^2}+6\frac{dy}{dx}+5y=0$$

위의 미분방정식에 대해서, 추가적인 분류를 하자면, 위의 미분방정식은 선형(linear) 미분방정식입니다.

선형 미분방정식을 쉽게 말하면 y가 들어간 항에서 y가 포함된 식이 한 번만 나오는 경우를 말합니다. 다시 설명하면, y^2이나 y^3가 나오지 않는다는 뜻이기도 합니다. 단순히 y항만이 아니라 y의 미분된 식도 포함해서 하는 말입니다.

예를 들면 다음의 식은 선형 미분방정식이 아닙니다.

$$7\frac{d^2y}{dx^2}+6(\frac{dy}{dx})^2+5y=0$$

왜냐하면 두 번째 항에서 y를 미분한 것이 제곱이 되어 있기 때문입니다.

$$7\frac{d^2y}{dx^2}+6y(\frac{dy}{dx})+5y=0 \quad \text{【식 101】}$$

위의【식 101】역시 선형 미분방정식이 아닙니다. 왜냐하면 두 번째 항에서 y를 미분한 것에 y가 곱해져서, 결국 y가 두 번 나오는 형태이기 때문입니다.

반면에 다음 식은 선형 미분방정식입니다.

$$7\frac{d^2y}{dx^2}+6\frac{dy}{dx}+5y=0 \quad \text{【식 102】}$$

위의 【식 102】는 2계 선형 미분방정식 중에서 계수가 상수(7, 6, 5)인 방정식이며, 또한 y가 들어가지 않은 항은 모두 0인 방정식인 제차(homogeneous)방정식이기도 합니다. 다시 말하면 위의 식은 '상수계수 2계 제차 선형 미분방정식'입니다.

이 방정식은 명쾌한 풀이법이 있습니다. 다음과 같이 가정해서 풀면 됩니다.

$$y(x) - e^{wx} \quad \text{【식 103】}$$

위의 【식 103】과 같이 $y(x)$함수를 가정한 후, w를 구하면 됩니다. 미분방정식에 【식 103】을 대입해 보면, 미분방정식이 w에 대한 이차방정식이 됩니다. 이차방정식을 풀어서 w를 구한 후, 대입하여 함수의 형태를 찾으면 됩니다.

이차방정식은 세 가지 형태의 근이 있습니다. 서로 다른 두 실근, 중근, 복소수근이 그것입니다.

따라서, 위의 상수계수 2계 제차 선형 미분방정식의 해도 세 가지 형태의 해를 가지게 됩니다.

$$y(x) = Ae^{w1x} + Be^{w2x}$$ (서로 다른 두 실근, $w1$, $w2$를 가질 경우) (A, B는 임의의 상수)

$$y(x) = Ae^{w1x} + Bxe^{w1x}$$ (중근 $w1$을 가질 경우) (A, B는 임의의 상수)

$$y(x) = e^{w1x}(Acos(w2x) + Bsin(w2x))$$ (복소수근 $w1 + i(w2)$, $w1 - i(w2)$의 형태의 해를 가지는 경우) ($w1$과 $w2$는 실수) (A, B는 임의의 상수)

이러한 상수계수 2계 제차 선형 미분방정식은 공학에서 자주 나옵니다. 그 이유는 뉴턴의 법칙 때문입니다. 힘과 가속도에 대한 뉴턴의 법칙은 자연계를 기술하다 보면 자주 사용하게 됩니다. 그런데, 여기서 가속도라는 것은 변위를 2번 미분한 물리량입니다. 따라서, 가속도가 들어간 식을 사용할 때면, 대부분 변위를 시간에 대해서 2번 미분한 식을 사용하게 됩니다.

즉, 뉴턴의 힘과 가속도 법칙을 적용할 때마다, 변위함수에 대한 2계미분식이 나오게 된다는 뜻입니다. 따라서 2계 미분방정식이 자주 만들어지게 되는 것입니다.

응용수학 부분은 위와 같이 미분방정식 분류 부분과 2계 미분방정식의 설명 부분만 간략하게 설명하는 것으로 마무리하겠습니다.

맺음말

미세먼지 분야는 이론들이 확실하게 정립된 분야가 아닙니다. 따라서 여러 이론들이 존재합니다. 이 책에서는 공기 중에 부유되어야(airborne) 미세먼지로서의 의미가 있어서, 그 기초 미분방정식 풀이에 집중하였습니다. 미세먼지 실험방법론도 대단히 다양하게 존재합니다. 이 책에서는 미세먼지 실험방법론 중에서 측정의 기초가 되는 것들을 중점적으로 다루었습니다.

이 책이 미세먼지에 대한 사회적 이해를 높이는 데에 기여했으면 합니다. 특히 과학기술 분야 종사자분들이 이 책을 통해서 미분방정식에 대한 이해를 넓힐 수 있기를 바랍니다.

참고문헌

■바이러스 에어로졸 전파 부분

Chia et al. (2020). Detection of air and surface contamination by SARS-CoV-2 in hospital rooms of infected patients. *Nat Commun* 2020: 11. 2800. https://doi.org/10.1038/s41467-020-16670-2

Lednicky et al. (2020). Collection of SARS-CoV-2 Virus from the Air of a Clinic within a University Student Health Care Center and Analyses of the Viral Genomic Sequence. *Aerosol Air Qual Res* 2020: 20. 1167-1171. https://doi.org/10.4209/aaqr. 2020. 05.0202

Lednicky et al. (2020). Viable SARS-CoV-2 in the air of a hospital room with COVID-19 patients. *Int J Infect Dis* 2020: 100, 476-482. https://doi.org/10.1016/j.ijid.2020.09.025

Lee, B.U. (2020). Minimum sizes of respiratory particles carrying SARS-CoV-2 and the possibility of aerosol generation. *International Journal of Environmental Research and Public Health* 2020: 17, 6960. https://doi.org/10.3390/ijerph 17196 960

Lee, B.U. (2021). Control methods for aerosols and airborne spreading theory of SARS-CoV-2. *Journal of Environmental Health Sciences* 2021: 47. 123-130.

Lee, B.U. (2021), Why Does the SARS-CoV-2 Delta VOC Spread So Rapidly? Universal Conditions for the Rapid Spread of Respiratory Viruses, Minimum Viral Loads for Viral Aerosol Generation, Effects of Vaccination on Viral Aerosol Generation, and Viral Aerosol Clouds, *International Journal of Environmental Research and Public Health* 2021: 18, 9804.

Liu, Y. et al. (2020). Aerodynamic analysis of SARS–CoV–2 in two Wuhan hospitals. *Nature* 2020: 582, 557–560. https://doi.org/10.1038/s41586-020-2271-3

van Doremalen, N. et al. (2013). Bushmaker, T., & Munster, V.J. (2013). Stability of Middle East respiratory syndrome coronavirus (MERS–CoV) under different environmental conditions. *Euro Surveill* 2013, 18, pii=20590. https://doi.org/10.2807/1560-7917. ES2013.18.38.20590

van Doremalen, N. et al. (2020). Aerosol and surface stability of SARS–CoV–2 as compared with SARS–CoV–1. *N Eng J Med.* 2020: 382, 1564– 1567. DOI:10.1056/NEJMx2004973.

Wang, Y. et al. (2016). Evaporation and movement of fine water droplets influenced by initial diameter and relative humidity. *Aerosol Air Qual Res* 2016: 16, 301–313. https://doi.org/10.4209/aaqr.2015.03.0191

Wölfel et al. (2020). Virological assessment of hospitalized patients with COVID–2019. *Nature* 2020: 581, 456–469. https://doi.org/10.1038/s41586- 020-2196-x

■에어로졸 부분

Friedlander, S.K. (2000). *Smoke, dust, and haze: fundamentals of aerosol dynamics*. Oxford University Press.

Hinds, W.C. (2012). *Aerosol Technology: Properties, Behavior, and Measurement of Airborne Particles*. Wiley.

■고급이론 1 부분

Reist, P.C. (1992). *Aerosol Science and Technology*. McGraw–Hill.

■미분방정식 부분 및 응용수학 이론 요약 부분

권길헌 외 (2000). 『KREYSZIG 공업수학』(개정8판). 범한서적.

■바이오에어로졸 부분

Heo, K.J., Lim, C.E., Kim, H.B., Lee, B.U.* (2017) Effects of Human Activities on Concentrations of Culturable Bioaerosols in Indoor Air Environments. *Journal of Aerosol Science* 2017: 104. 58–65.

Lee, B.U., Lee, G., Heo, K.J. (2016) Concentration of culturable bio-aerosols during winter. *Journal of Aerosol Science* 2016: 94, 1–8.

Lee, D.H., Jung, J.H., Lee, B.U.* (2013) Effect of treatment with a natural extract of Mukdenia rossii (Oliv) Koidz and unipolar ion emission on the antibacterial performance of air filters. *Aerosol and Air Quality Research*. 2013: 13, 771–776.